U0182171

夜空的传说

Tales of the Night Sky

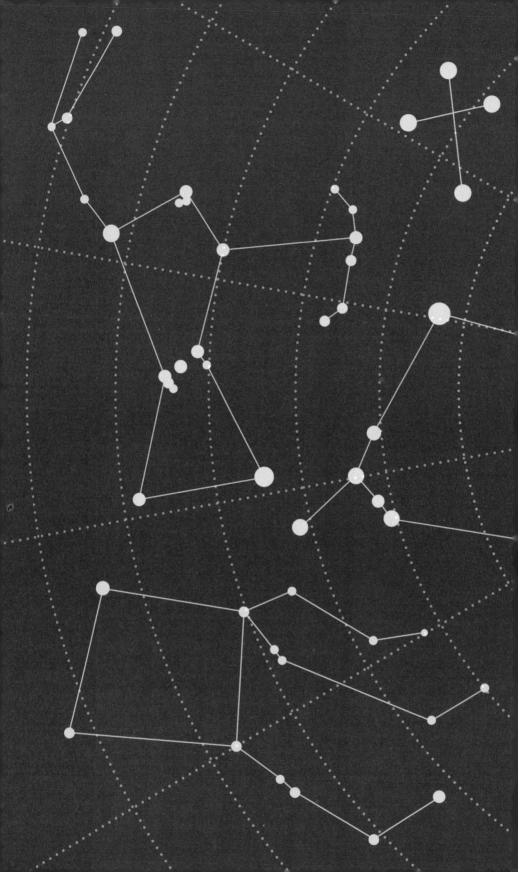

夜空的传说

揭示星座背后的神话和
民间传说

[英]罗宾·凯罗德 著

燕子 译

中国科学技术出版社

·北 京·

图书在版编目（CIP）数据

夜空的传说：揭示星座背后的神话和民间传说 /
（英）罗宾·凯罗德著；燕子译 . —北京：中国科学技
术出版社，2024.4
ISBN 978-7-5236-0388-8

Ⅰ.①夜… Ⅱ.①罗… ②燕… Ⅲ.①天文学—普及
读物 Ⅳ.① P1-49

中国国家版本馆 CIP 数据核字（2023）第 232102 号

著作权合同登记号：01-2023-4023

策划编辑	王轶杰
责任编辑	王轶杰
封面设计	中文天地
正文设计	中文天地
责任校对	张晓莉
责任印制	李晓霖

出	版	中国科学技术出版社
发	行	中国科学技术出版社有限公司发行部
地	址	北京市海淀区中关村南大街 16 号
邮	编	100081
发行电话		010-62173865
传	真	010-62173081
网	址	http://www.cspbooks.com.cn

开	本	710mm×1000mm　1/16
字	数	158 千字
印	张	8
版	次	2024 年 4 月第 1 版
印	次	2024 年 4 月第 1 次印刷
印	刷	北京华联印刷有限公司
书	号	ISBN 978-7-5236-0388-8 / P·230
定	价	78.00 元

目 录

引 言
天空的圆形穹顶——苍穹

当你在一个清朗的夜晚凝望星辰时，满天繁星闪烁的天空在你的头顶上方形成了一个巨大的、黑暗的圆形穹顶。在地球上任何地方做观察都是一样的，一个无限的"天球"包围着我们的星球，并且天上的繁星看起来好像被固定在这个天球的里面。随着时间的推移，繁星在你的头顶上转动，而且天体好像是在绕着地球旋转。

乍看上去，几乎区分不出来每个单独的星星，好像它们是杂乱无章地散布在天空中黑暗的圆形穹顶中。但是，仔细看你会马上明显地察觉到，这些星星并非完全都是一样的。一些星星如此明亮，以至于它们就像灯塔的信号灯一样格外耀眼；其他一些星星如此暗淡，以至于你几乎辨别不出来它们。因此，只要发挥一下你头脑中的想象力，你就能把一些明亮的星星归成一类，从而形成各种星星的图案。

夜复一夜，你能在天空找到这些相同的图案。即使星星每天晚上似乎在头顶上转动，它们也会在一起整体地移动，也就是说，星星不在它们的图案中改变它们相对的位置，我们把这个图案称作星座。

星星的位置好像被固定在天球里面。这就是为什么它们经常被称为恒星（fixed star，固定的星）。但是，对这种通常的观察，好像也有一些明显的例外：偶尔，在星座中固定的星星当中，有 5 个明亮的天体被发现似乎在天球中到处徘徊游荡。

但表面现象可能是骗人的。实际上，我们知道，并没有一个巨大而黑暗的天球包围着地球。夜空的黑暗是浩瀚的深空的黑色，这无边无际的真空的距离是如此广阔，以至于超出了人类的理解认知能力。虽然看到的星星是像极小的针孔一样的光亮，实际上，它们是以光、热和其他辐射的形式向太空连续不断释放巨大能量的炽热的巨大气态球体。它们是遥远的恒星。

至于徘徊游荡的天体，它们根本就不是恒星，而是比较小的、离地球较近的天体，我们称为行星。

在地球北半球能看到的星座，由德裔荷兰制图师安德烈亚斯·塞拉里乌斯绘制（1708）

宇 宙

　　2000 多年前，天文学家们认为有一个天球包围着地球，并且地球是宇宙的中心。他们认为太阳、月亮以及行星也全都围绕着地球运转，并且在天球里固定的星星（恒星）也围绕着地球运转。这就是经典的古希腊宇宙观。在大约公元 150 年，生活在埃及亚历山大港的一个绝无仅有的伟大的古希腊天文学家托勒密（Claudius Ptolemaeus，约 90—168 年）对这种宇宙观做了详细的说明。这一时代是以美妙传奇的古希腊神话故事为特征。这些故事讲述了神和女神、英雄和女英雄，以及像人首马身那样的奇妙动物和像蛇发女那样的怪物的史诗般的浪漫冒险经历和令人惊奇的事迹。

宇 宙
古老的传说

在古希腊，天文学和神话交融在一起，并且天堂成为众多神话人物不朽的栖息之地，神话人物被赋予星座之中，成为星座的化身。虽然我们传承了绝大多数的古希腊星座，但我们今天所熟悉的星座名称，并不它们原先的希腊语名称，而是它们的拉丁语名称。

在两条河之间

古希腊人传承了更早的远古时代的大多数星座，这些星座主要是从美索不达米亚（Mesopotamia）那里继承来的。希腊人所说的"美索不达米亚"这个名字，是"在两条河之间"的意思，指的是现代叙利亚和伊拉克的底格里斯河和幼发拉底河之间的地区（亦称"两河流域"，现为伊拉克的一部分）。这是苏美尔人和巴比伦人在中东建立的第一个伟大的文明，在大约公元前3500～前3000年，这里发明了文字和车轮。最早的文字采用的是图形符号，或者说是象形文字的形式。在装饰陶瓷上的象形文字、在雕刻品和在印记的图形中，有三个形象是共同的，这就是公牛、狮子和蝎子。这三个形象在最早的天空中黄道带的星座中被想象成图案，而黄道带的星座是每年太阳穿过的星座。这三个形象的图案就是金牛座、狮子座和天蝎座的先驱。

三个天体

后来的艺术形象表现的是其他动物和神，一些形象很明显地是将它们与天体等同起来了。太阳、月亮和金星，这三个最明亮的天体的象征符号，成为一个反复出现的主题。对这三个天体的认识传给了巴比伦人。在巴比伦，金星是伊师塔（Ishtar，巴比伦和亚述神话中司爱情和战争的女神），意思是"巴比伦的自然与丰收女神"。自大约公元前1300年开始，这些精美的象征符号和黄道带的星座图案在巴比伦时期的界碑上残存下来，直到现在。

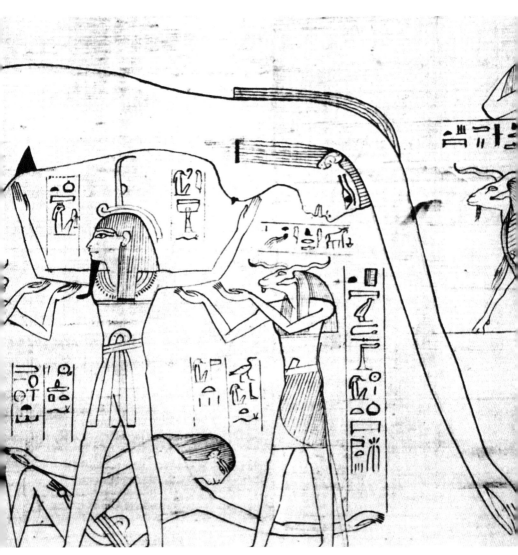

在古埃及神话中，天空女神努特（Nut）星光璀璨的身体构成了天宇。

托勒密的宇宙观

对行星运动的详尽研究

到了托勒密（约 90—168 年，此译名按新华社《世界人名翻译大辞典》。在《辞海》和《不列颠百科全书》中亦译为托勒玫、在其他书刊中也译为托勒米）的时代，天文学家已相当准确地记录了徘徊游荡的星星（即行星）在天空中的位置，而且他们意识到行星的运动有点古怪。如果行星确实像被认为的那样绕着地球运转，那么它们应该总是朝着相同的方向移动，就像太阳那样，应该总是向西移动。但是，经常看到的是，一颗行星会在天空中走回头路，在一段时间里会向东移动，然后，又恢复成它通常的向西方向的移动。

托勒密建立了一个地心说体系，试图来解释这一偶然的反向运动。他说一颗行星围绕着一个点在一个小圈（本轮，epicycle）里运动，而这个点又围绕太阳在一个大圈（均轮，deferent）里运动。但这个解释也不是很奏效，因此，经过多年，更多的本轮小圈被引进，直到地心说体系变得难以置信的复杂。

进入和冲出"黑暗时代"

（欧洲中世纪的早期，476 ~ 1000 年，被认为是愚昧的黑暗时代）

托勒密的地心说的观点被人们接受了差不多 1400 年。在欧洲，由于在大约 5 世纪时希腊 – 罗马文明的衰落，欧洲跌入了一段全面的文化停滞时期，很多的古老知识，或者失去了，或者被忘记了。

幸运的是，天文学继续在其他的地区繁荣发展，特别是在阿拉伯地区。促进其繁荣的因素之一是，在大约公元 820 年，托勒密对世界有巨大影响的著作《天文学大成》（*Almagest*，亦译《大综合论》，古希腊天文学家托勒密在约 140 年所著）被翻译成了阿拉伯文。这部著作鼓舞了几代阿拉伯天文学家，直到 1428 年，乌鲁伯格（Ulugh Beigh 或 Ulugh Beg Uluğ Bey、Ulugh Bek，不是人名，而是一个绰号，意为伟大的统治者，1394—1449，伊斯兰学者、天文学家）在撒马尔罕（Samarqand，乌兹别克斯坦东部城市，14 世纪帖木耳王国首都，亦作 Samarcand，古名 Marakanda）建立了当时世界上最好的天文台。

在 15 世纪，伟大的知识复兴，就是我们所说的"文艺复兴"（14 ~ 16 世纪），在欧洲得以兴盛。哲学家们和学者们开始质疑和研究那些由来已久的古老信条。在天文学方面，一个令人震惊的突破，竟发自一个似乎不太可能的创立者，他是一个神职人员和内科医生，名叫尼古拉·哥白尼（Nicolaus Copernicus，1473—1543，波兰天文学家）。

哥白尼酷爱天文学。他开始意识到托勒密的宇宙观是错误的。行星古怪的运动，只能被解释为，太阳才是宇宙的中心，而并非地球是宇宙中心。行星绕着太阳运转，地球也绕着太阳运转。地球只不过也是一颗行星。

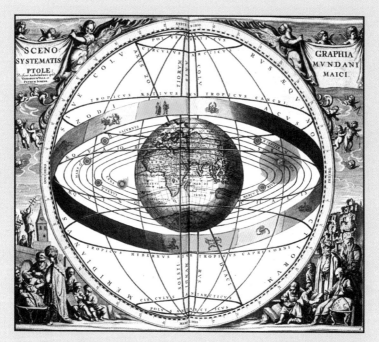

托勒密在著作《天文学大成》(《大综合论》) 中展示的宇宙地心说

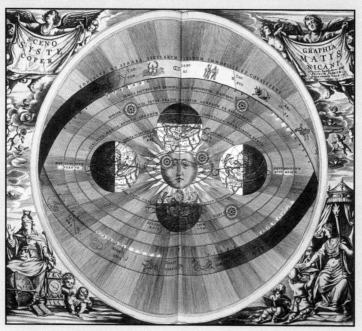

哥白尼的宇宙日心说

伽利略正在解释他通过望远镜看到的景象

《天体运行论》
提出了太阳系

哥白尼并非提出宇宙是以太阳为中心的想法的第一个人。希腊哲学家阿利斯塔克斯（Aristarchus，约公元前310～约公元前230，古希腊天文学家）在大约公元前200年就提出来了。但是没有人听信，因为他的想法把地球放在了宇宙中的一个低等的位置。

哥白尼知道他的太阳系概念将触犯教会，在那时，教会实际上统治了社会中的所有观念。违反宗教信仰的任何事情就等同于异教，就会受到开除教籍、拷打甚至处死的惩罚。所以，直到1543年，哥白尼在他临终的时候（并非是有的书中所说的被教会烧死），才在《天体运行论》（De Revolutionibus Orbium Coelestium，英文为 On the Revolutions of the Heavenly Spheres，波兰文为 O obrotach sfer niebieskich）中发表他的想法。

证据不断地增加

尽管确立太阳系的想法是缓慢的过程，但在1609年，两个事件结束了托勒密地心说的历史。在德国，约翰尼斯·开普勒（Johannes Kepler，1571—1630，德国天文学家）计算出行星绕太阳的运转，并不是按圆周轨道运动，而是按椭圆（椭圆形）的轨道运动，正好与对行星的观测一致。

同样是在1609年，在意大利，伽利略（Galileo Galilei，1564—1642，意大利物理学家、天文学家）将一架望远镜对准了天空，看到了以前从未有人看到过的景象。他看见了在月球上的山和环绕木星的多颗卫星。他也注意到金星显示出的位相，而位相只有行星绕着太阳运转，才有可能发生。这为确立太阳系提供了令人信服的证据。

膨胀的宇宙

随着望远镜功能变得更加强大，天文学家开始探测更遥远的深空。在1781年，弗雷德里克·威廉·赫歇尔（Frederick William Herschel，1738—1822，德裔英国天文学家，恒星天文学创始人）发现了一颗新行星——天王星。天王星到地球的距离（18.2AU，AU为天文单位，是地球与太阳间的平均距离，约为1.49亿千米）是土星到地球距离（8.6AU）的两倍，为古人所知的最遥远的行星。一下子，太阳系的范围增加了一倍。1846年，人类又发现了海王星，在1930年发现了冥王星，使太阳系扩大到更远的范围。

20世纪30年代，太阳系被认为是以太阳为中心的一个天体家族，而太阳又是属于一个巨大的星系中的几十亿颗恒星之一，很多这样的星系形成的星团构成了宇宙。宇宙并不是在太空中分布的静止的星系排列，而是星系之间正急速地互相离开。天文学家相信，在大约150亿年以前，发生了一次大爆炸。这个大爆炸创立了宇宙，并且宇宙处于不断膨胀的状态。目前的证据表明，宇宙将会永远膨胀。

天空中的图案

宇宙正在不断膨胀，这一点毫无疑问。同时，星星本身正在以难以置信的速度在太空中向四面八方放射状疾速散开，这一点也毫无疑问。但是星星如此遥远，以至于它们好像在整个天空中并不移动。星星看上去在它们的星座中的位置是固定不变的，这就是为什么2000年前的希腊天文学家，他们辨认出的星座在我们今天看来就像熟悉的朋友一样。只不过是要花费超过数十万年以上的观测时间，才能够足以用肉眼察觉出星星位置的改变所呈现出来的新图案。

一幅 1515 年的古代版画，显示北半球上空的星座

一幅 1515 年的古代版画，显示南半球上空的星座

天空中的图案

识别星座

按照托勒密所记载的，古希腊人识别出了 48 个星座。古希腊人把明亮的星星在天空中形成的图案，以他们认为的人或物的形状轮廓来命名为星座。在少数几种情况下，我们能够看出古希腊人在很久以前所看到的星座像什么。其中有一个星座确实看起来很像一只飞翔的天鹅，另一个星座像一头狮子，而还有一个星座像一只蝎子。我们现在所知道的这几个星座以及其他星座的名称，是古希腊人用拉丁语给它们起的。因此，看上去像天鹅的是天鹅座，像狮子的是狮子座，像蝎子的是天蝎座。不过，在大多数情况下，需要极强的想象力才能把一个在天空中的星星图案与一个具体的星座名称联系起来。

不断增加的新的星座

从托勒密时代开始，增加了 40 个新的星座，总计达到共 88 个星座。本来指望着阿拉伯天文学家可能会引进一些新的星座，因为在欧洲中世纪早期的"黑暗时代"，基本上是他们使天文学得以传承下来，但是，他们却并没有提出新的星座。阿拉伯天文学家的主要贡献是，给星座中大多数明亮的星星起名字，例如在猎户座中的参宿四（Betelgeuse，α星，猎户星座中第二明亮的一等星，夜空中第十明亮的星星），在英仙座中的大陵五（Algol，β星，亦称 Demon Star，恶魔星），在金牛座中的毕宿五（Aldebaran，α星），以及在天秤座里的美丽的大菱形食变星（Zubenelgenubi）。

增加的新的星座主要归功于三个天文学家。1603 年，在德国的约翰·拜尔（Johann Bayer，1572—1625）和 1690 年在德国的约翰·黑费里斯（Johann Hevelius），以及 1752 年在法国的尼古拉斯·路易斯·德·拉卡耶（Nicolas Louis de Lacaille，1713—1762）。我们还要对拜尔表示格外的感激，感谢他所建立的用希腊字母表中的字母来识别星座中星星的分级系统。星星的亮度从 α（最明亮的）开始，按大致的顺序进行分级。

天 球

准确指出星星的位置

正如我们仔细观察到的，星星，或者说星座，好像是镶嵌在一个包围着地球的巨大的天球里面。这个巨大的球好像围绕着地球在转动，感觉星星从东方穿过夜空到西方。

但是，正像天球是一种幻觉一样，天球的运动也是一种幻觉。天空并没有旋转，而是地球在运动。地球每天在太空中自转一圈，正因为如此，感觉似乎是太阳在白天按弧线穿过天空，星星在夜里移动穿过夜空。并且地球的自转方向与太阳和星星移动的方向是相反的，也就是说，是从西方到东方。

天球看起来是绕着一个通过北天极和南天极的轴在自转。天球上的北天极和南天极这两个点，分别是在地球的北极和南极的正上方。天赤道把天球分成两部分，即，北天半球和南天半球。天赤道是地球赤道在天球上的投影，而地球赤道把地球分成北半球和南半球。为了方便起见，我们经常把星座分成两部分，即根据星座出现在哪个天半球里，分为北天星座或南天星座（参阅第

22~23 页）。

天球的概念虽然是很古老的，但是它仍然在现代天文学中发挥着作用。从一个观测者的角度来看，天球恰好反映出我们所看到的天空。尤其是，天球提供了在天空中准确指出星星正确位置的简单方法。通过应用球面几何学，天文学家以一个网格坐标系统来定位一颗星星的准确位置。这与地理学家为了在地球上定位一个地点所使用的纬度和经度系统相似。他们通过天球的天纬度和天经度在天球上准确定位一颗星星。天纬度又称赤纬（declination，Dec）是星星从天赤道到北方或者南方的角距离，正像纬度在地球上是从赤道到北方或者南方的角距离一样。

天经度是在从一个固定点（在白羊座里的第一点，也称春分点或天球中间原点）开始环绕天球的距离，正像经度在地球上是从一个固定点（格林尼治子午线）开始沿着赤道的距离一样。天经度被称为赤经（right ascension，RA）。

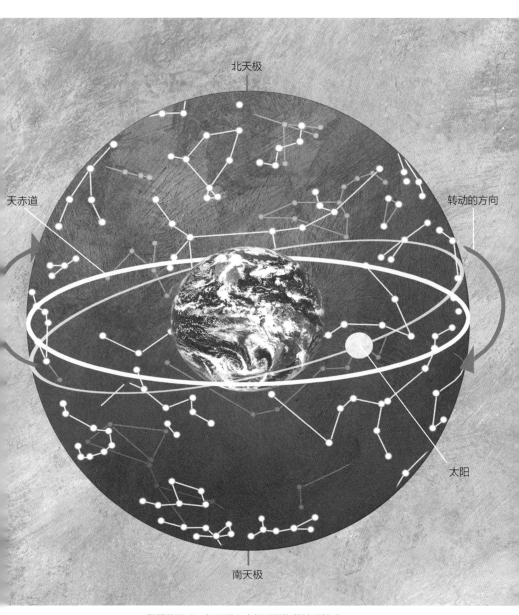

北天极

天赤道

转动的方向

太阳

南天极

假想的天球，每天看上去似乎围绕着地球转动

北天星座
北天半球的星座

在天球上显示出来的更暗的区域是银河。

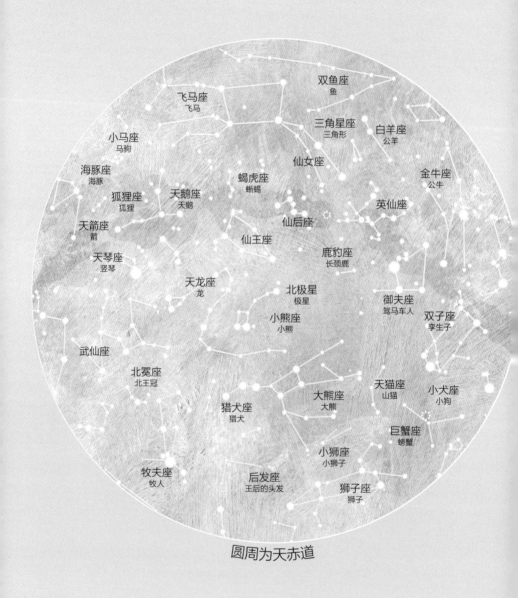

双鱼座
鱼

飞马座
飞马

三角星座
三角形

白羊座
公羊

小马座
马驹

仙女座

金牛座
公牛

海豚座
海豚

蝎虎座
蜥蜴

狐狸座
狐狸

天鹅座
天鹅

英仙座

天箭座
箭

仙后座

天琴座
竖琴

仙王座

鹿豹座
长颈鹿

天龙座
龙

北极星
极星

御夫座
驾马车人

双子座
孪生子

小熊座
小熊

武仙座

天猫座
山猫

小犬座
小狗

北冕座
北王冠

大熊座
大熊

猎犬座
猎犬

巨蟹座
螃蟹

小狮座
小狮子

牧夫座
牧人

后发座
王后的头发

狮子座
狮子

圆周为天赤道

南天星座

南天半球的星座

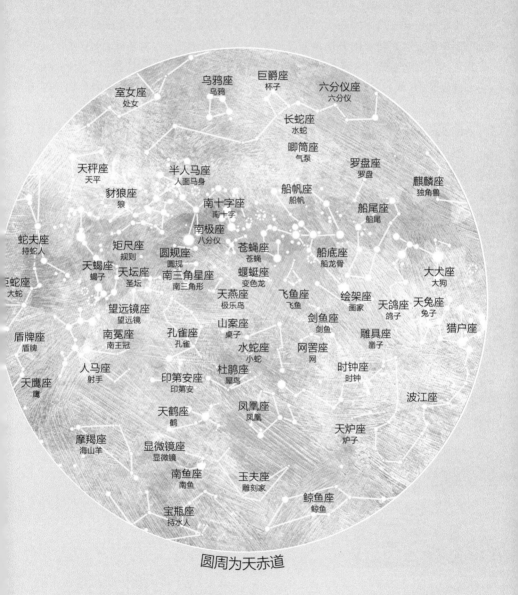

圆周为天赤道

你能看到什么

在夜晚凝望星辰

当你凝望星辰，会看到哪个星座呢？这取决于很多因素：你在地球上的什么地方，在夜里的什么时间，以及在一年当中的什么时段。因为地球是球形的，在不同纬度地区望星的人们，将看到天球或星座不同的景象。

如果你是在加拿大安大略省的多伦多，也就是在北半球的高纬度地区凝望星辰，你所看到的星座，将与在地球南半球深处的南非开普敦凝望星辰的天文学家同事们所看到的星座不同。你在每天晚上都能看到北斗七星的"大长柄勺"，但你永远不会看到南十字座的"南十字架"，反之亦然。

告知时令

你能看到哪个星座，也取决于你在夜里正在观测的时间。因为地球在自转，星星一直在穿过天空移动。当一些星座在东方升起时，另一些星座消失在西方的地平线下。

随着几个月过去，不同的星座也会出现并且消失。这是由于地球在它绕太阳的轨道里运行的结果。每天，地球沿着轨道移动稍稍更远一点，每天晚上你凝望星辰的时候，你看到天球的部分也稍稍有点不同。这个差别会越来越大，在3个月后，也就是每个季节之后，天空看起来的差别非常显著。

这就使得我们看到的分别是春天、夏天、秋天以及冬天的星座。在北半球仰望，猎户座是一个壮观的冬季星座，而飞马座的"大四边形"则提醒秋天在路上了。在南半球，季节是反转的，因此猎户座是一个夏季天空的特征，而飞马座则预示着春天。

作为规律

概括起来说，在地球北半球的一个望星人，如果他或她一年到头一直保持观测星空，将看见北半天球的全部星座和南半天球一些星座。类似地，在南半球的一个望星人能看见全部南天星座和一些北天星座。理论上，观察星座最好的地方是在地球的赤道上，在一年中的某个时候，在赤道上可以看到全部的星座。

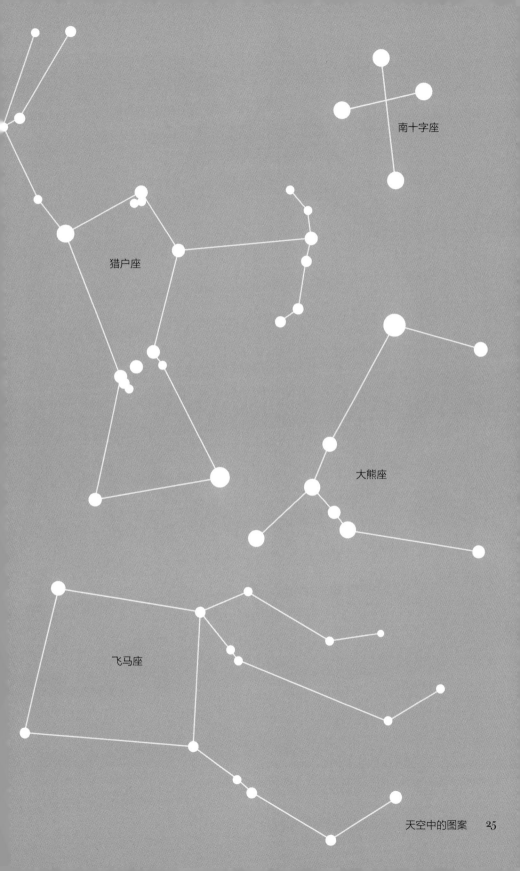

南十字座

猎户座

大熊座

飞马座

天空中的图案　25

天使展示鲁道夫二世用于算命的黄道十二宫的天宫图，鲁道夫二世在 1576 年成为神圣罗马帝国的皇帝

黄道带的星座

天文学与占星术在这里相遇

地球围绕太阳做轨道运动，每 365¼ 天做一次完整的旅行。但是我们在地球上看，似乎太阳每年在天上绕行一圈。我们把太阳绕天球的轨迹称为黄道。太阳以星星为背景，每年沿着相同的轨迹移动。月亮和行星也总是在十分接近于黄道的天空中被发现，都在天空中的一条假想的环带内运行，这个环带状的区域称为黄道带。

在黄道带内的星座被称为黄道带的星座。"黄道带"大致翻译出来的意思是"动物的圈"，反映了黄道带的大多数星座是以动物来命名的事实，例如狮子座（狮子）以及天蝎座（蝎子）。

信仰者

因为太阳和行星总是在黄道带的星座中被发现，所以古代天文学家认为黄道带应当有特别重要的意义。因此，逐渐形成了一种信仰，就是太阳和行星在星座内的位置会以某种方式影响人的性格和他们的生活。这种信仰被称为占星术。从古巴比伦时代到大约 17 世纪，占星术繁荣了 2000 多年。大多数统治者身边都有一群占星家建议他们什么时候做重要的决定，并且那些占星家研究天象是为求得吉祥的征兆。正是占星学对恒星和行星的研究，为天文学的诞生提供了跳板，天文学才是真正研究天体的科学。但是，即使在现代，占星术仍然还有它的追随者。

不过，占星术并没有科学依据，并且还有强有力的论据来否定它。占星家把他们的信仰建立在太阳位于 12 个星座中的位置上，或者说是建立在"黄道十二宫"上，白羊座、金牛座、双子座、巨蟹座、狮子座、处女座、天秤座、天蝎座、射手座、摩羯座、水瓶座和双鱼座。但是实际上黄道带有 13 个星座：太阳在它的路径上穿过位于天蝎座和射手座之间的蛇夫座。

此外，大多数现代占星家仍然以为太阳通过每个星座的时间段与太阳在 2000 年以前通过每个星座的时间段相同。但实际上并不是这样的。由于岁差，也就是地球的地轴在太空中轻微的旋进，太阳通过星座的时间段差不多要比它在罗马时代早了一个月。这就使得所有的星座时间段都不准确了。

璀璨星座

一些星座，例如在北天半球的大熊座（大熊）和在南天半球的南十字座（南方的十字架），它们甚至对于偶尔的望星人来说，也都是很熟悉的星座。大熊座是一个古老的星座，它的起源可以追溯到中东文明，并且与神话有着很密切的关系。南十字座是更为近代的创造物，仅在16世纪的星图上才开始出现。

璀璨星座
星星呈现出的图案

本章中介绍了 33 个星座，大多数可以追溯到古代，并且充满了神话。我们将关注在这些星星图案所描绘的形象后面那些虚构的神话，我们也将提及一些观测星星方面最精彩的事件。每个星座中最亮的四颗星将由希腊字母 α、β、γ、δ 来表示。如果其他的星在文中被提及，它们也会被以希腊字母来标识。星座中的一些星星已被命名，并且大多数星星的名字来自阿拉伯语，这是因为自中世纪开始，阿拉伯天文学家引领了世界的天文学。比较熟悉的例子是参宿四（猎户星座中的一等星）和参宿七（Rigel，猎户座 β 星），这两颗星是在猎户座中两颗最闪亮的星，还有大陵五（恶魔星，英仙座 β 星），是在英仙座中一颗著名的亮度会发生变化的星。还有来自希腊语的名字，例如天狼星（Sirius），是天空中最明亮的星之一，以及来自拉丁语的名字的星，例如参宿五（Bellatrix，猎户座 γ 星），是在猎户座里另一颗明亮的星。

经常会说到"星等"。星等描述的是一颗星的亮度。在用肉眼观测的天文学中，天文学家把恒星的星等分为六个亮度等级，就像我们在天空中能用肉眼看见它们的那样（我们把这样的星等称作它们的"视星等"）。最亮的星为一等星，最暗的星为六等星；其他的星等介乎其间。星等的尺度也被延伸到六等星以外，以便能涵盖亮度更微弱的，只有在望远镜里才能看得到的星。星等的等级还被延伸到负数值（例如太阳是 −26.7，月球满月是 −12.7，天狼星是 −1.46），以便能表示异常耀眼的星体的亮度。

有 12 个特定的星座是黄道带的星座，太阳每年是以黄道带为背景绕天球移动的。这些黄道带的星座，或称作与人的出生日期相对应的星座，是占星家崇拜的星座（黄道十二宫），他们声称，这些星座塑造了我们的性格并且决定了我们的命运。

在星座背后的故事总是那么令人着迷。这里，我们发现了一个被冤枉的少女被一位妒忌的妻子变成了一头熊；那里，会发现一位英雄杀死了蛇首怪物。所有奇妙的生灵都出现在这些惊心动魄的，又常常是生动活泼的传说故事里面。

星座的特征按照以下展示：

星座位于
天空中的区域

想象出来的星
座的形象

星系 M101

η
北斗七
（摇光）

ζ
北斗六
（开阳）

ε
北斗五
（玉衡）

δ
北斗四
（天权）

α
北斗一
（天枢）

β
北斗二
（天璇）

γ
北斗三
（天玑）

显示的主星连在
一起的星座图

与星座相关的
神话

仙女座
被链子拴住的女人

仙女座可以在遥远的北方天空中被找到，它毗连英仙座（Perseus）和仙后座（Cassiopeia）。仙女座经常被称为用链子拴住的女人，因为它在古老的星图上被想象为一个女人美丽而悲惨的身姿，被链子拴在海岸的岩石上。美丽的安德洛墨达（Andromeda，希腊神话中的埃塞俄比亚公主）怎么会处于这种困境中呢？

安德洛墨达是刻甫斯（Cepheus，埃塞俄比亚国王，安德洛墨达之父）国王和卡西俄珀亚（埃塞俄比亚王刻甫斯的王后）王后（参阅第 50~51 页）的女儿。王后冒犯了一位美丽的海仙女，叫涅瑞伊得斯〔Nereids，海中仙女，海神涅柔斯 50 个女儿之一，在天文学中为海（王）卫二〕，冒犯的原因是，王后声称自己比她们更美丽。海神为了替海仙女报复这一冒犯，派了一个巨大的海怪鲸鱼（Cetus，参阅第 54~55 页），沿着王国的海岸进行大肆破坏。

在绝望之中，刻甫斯求助于神谕，想知道如何才能结束海怪的损毁。神谕告知，他必须奉献给海怪一个活祭品——他的女儿，这就是为什么安德洛墨达被拴在了岩石上。

当惊恐万状的安德洛墨达正在等待被海怪吞噬的时候，英雄珀修斯（亦译珀尔修斯、珀耳修斯，即英仙座，宙斯与达那厄所生之子）碰巧出现了，并且问她是谁，她为什么处于这么令人可怜

的境遇中。最初，安德洛墨达什么也没说，这也未必就是出于害羞，但是，她渐渐地告诉了珀修斯一切。就在诉说刚刚结束的时候，听到了一声震耳欲聋的尖叫，她看见鲸鱼正在接近。珀修斯刚杀死蛇发女怪（Gorgon，希腊神话中的一个丑陋的形象）美杜莎（Medusa，古希腊神话中三位蛇发女怪之一），手里还攥着美杜莎的头。他把蛇发女怪的脸转向鲸鱼，鲸鱼立刻变为石头在海里沉了下去。作为对他的报答，珀修斯得到了安德洛墨达与他结婚的允诺，后来，她为他生了六个孩子。

大旋涡星系

仙女座很容易找到，因为它连接飞马座（Pegasus，珀加索斯，生有双翼的神马，传说被其足蹄踩过的地方有泉水涌出，诗人饮之可获灵感），飞马座主要是由四颗星组成的大正方形，在所有的星座当中，是最明显的星座之一。在视觉上，在仙女座中每一颗单独的星并不太引人注目。目前，最有趣的天体是在飞马座的大正方形和仙后座的 W 形之间的模糊斑点。这个斑点类似于星云，或者叫"气体云"，但实际上，它是一座遥远的星系。由于它的结构，它经常被叫作大旋涡星系。当使用一个大型天文望远镜观测时，才会看到这个星系。

仙女座星系是用肉眼在天空中可见到的遥远天体。当你看到它时，你正在跨越太空中极为浩瀚广阔的距离，因为它与我们的距离，除了大陵五，其余均超过了 200 光年。

M31

α 标示的地方是无助少女的头，少女被拴在岩石上等待她的命运。

α
壁宿二

宝瓶座

持水人

宝瓶座所位于的整个区域都和水有关，区域中的双鱼座（鱼），摩羯座（海山羊），南鱼座（南方的鱼）和鲸鱼座（鲸鱼）包围着宝瓶座。古巴比伦人把这个区域叫作"海"，他们认为这个区域里的全部星座都在宝瓶座的控制下。古埃及人相信是宝瓶座造成了尼罗河每年的泛滥，因此，宝瓶座对他们来说是非常重要的一个星座。流水的象形文字就是现在占星术中宝瓶座的标志，这一点绝非巧合。

在传统的星图中，把宝瓶座描绘成一个年轻人，正在将有嘴和柄的大水罐中的水倒出。在他的脚下，滔滔不绝的水注入南鱼座（Piscis Austrinus），也就是南方的鱼的嘴里。这个美貌的年轻人被想象为伽倪墨得斯（Ganymede，亦作Ganymedes，牧羊俊童，在天文学中为木星的最大的卫星——木卫三），他就是特洛斯（Tros，传说中的特洛伊）的国王、特洛伊市的创始人的儿子。宙斯把伽倪墨得斯当作最喜欢的人，为了想得到伽倪墨得斯，派了一只鹰把伽倪墨得斯抢走，并带到了奥林匹亚山（Mount Olympus，诸神的住所）上。在那里他成了为众神酌酒的美少年，以他的美貌让众神喜悦。

星光闪耀的三角形

宝瓶座不是一个很容易辨认出来的星座。参照北天星座中飞马座的"大正方形"，或许能最好地找到它的位置。即使是它最显著的 α 星，也是那么令人失望地暗淡。但是，还是有几个最亮的星；其中的一个是 M2，它与 α 星和 β 星一起，构成了一个三角形。

它在天空中是最明亮的球状星团之一，恰好处在肉眼能见度的极限上。用双筒望远镜和小型天文望远镜能很好地看到它。

占星家是怎么说的

宝瓶座是在黄道带上位于双鱼座和摩羯座之间的星座。目前，太阳穿过宝瓶座的时间是 2 月 16 日～3 月 11 日。而在占星术中，宝瓶座是黄道十二宫中的第 11 宫，包括的时间段是 1 月 20 日～2 月 18 日。占星家相信，此时间段出生的人是冷静的和超然的，甚至是冷漠的；他们倾向于隐藏情感，他们很难坠入爱河或与伴侣相处。

需要更大的天文望远镜才能找到在宝瓶座南端附近的螺旋状星云。这个星云是离我们最近的行星状星云之一，哈勃空间望远镜已经在这个星云里面发现了一些难以置信的"彗星结"。

α星和β星标示了人物形象的肩，古希腊人把他与美貌的伽倪墨得斯联系在一起。

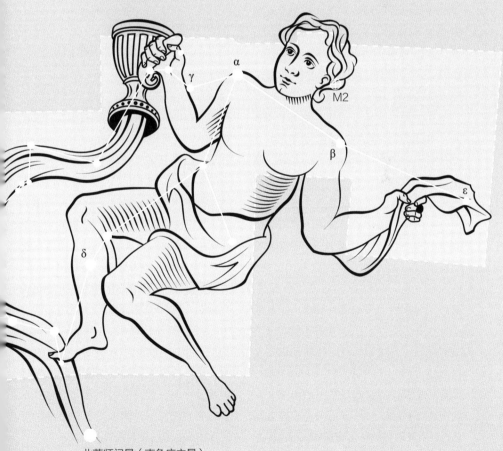

北落师门星（南鱼座主星）

白羊座

公羊

要找到白羊座，最好的方法是先找到从很显眼的昴宿星团（Pleiades）到飞马座的大正方形的一条线，白羊座就位于这两者的中间位置。

在神话中，白羊座的化身公羊是伊阿宋（Jason，亦译贾森，忒萨利亚王子，曾率领阿尔戈英雄们到海外寻找金羊毛，历经艰险，终于在美狄亚的帮助下取得了成功）和阿尔戈英雄们（Argonauts，随"伊阿宋乘阿尔戈"号快船去科尔喀斯盗取金羊毛的英雄）去偷的金羊毛（Golden Fleece，埃厄忒斯国王保存在科尔喀斯的纯金羊毛）的来源（参阅第48~49页）。公羊是能讲话、会思考，并且可在天上飞的一种有魔力的动物。赫尔墨斯（Hermes，亦译赫耳墨斯，众神使者，司道路、商业、科学、发明、幸运、口才等）把公羊给了国王阿塔玛斯（Athamas，俄耳科墨诺斯城的统治者，曾先后与涅斐勒、伊诺和忒弥斯托结婚）的两个孩子，即赫勒（Helle，希腊公主）和她的兄弟佛里克索斯（Phrixus，阿塔玛斯和涅斐勒之子），两个孩子骑着公羊逃离他们不喜欢的继母。赫勒不幸坠入后来很著名的赫勒斯庞特（Hellespont，达达尼尔海峡的古希腊名）的海峡。佛里克索斯在黑海（Black Sea）上安全地到达格鲁吉亚西部的科尔契斯（Colchis，古

地理名，俄罗斯南部地区，位于黑海和里海之间）并且贡献出了公羊来表达他对被救的感激。他把金羊毛献给了科尔契斯的国王伊提斯（Aeetes），国王让凶猛的龙，即德拉古（Draco，公元前7世纪晚期雅典政治家、立法者，以制订的法律严酷著称）来保卫金羊毛。

占星家是怎么说的

白羊座是一个黄道带的星座之一，位于双鱼座和金牛座之间。目前，太阳在4月18日和5月21日之间穿过白羊座。而在占星术中，白羊座是黄道十二宫的第一宫，包括的时间段是3月21日~4月19日。3月21日是在春分前后，这时太阳穿过天赤道向北移动。在春分这天，太阳通过天空的轨迹（黄道）与天球赤道（天赤道）相交。这个交点被称为白羊座的第一点（春分点）。但是，因为岁差（地球轴的旋进摇摆引起），在这个时间，太阳的位置已不再在白羊座里，而是在双鱼座里（参阅第84~85页）。

占星家告诉我们，3月21日~4月19日出生的人是精力旺盛的、冲动任性的、性格外向的。他们被认为是勇敢的和爱冒险的，是天生的领导人。他们热心并充满激情。在情侣关系方面，他们常常感到追求比放弃更为刺激。

3颗最明亮的星——α、β和γ，构成了
长着金羊毛的公羊的头。

白羊座的
两颗主星是二等星，
但是，亮度较弱的γ星
更值得注意。在小型天文
望远镜里，γ星作为秀美的
双星出现，是闪耀着同样
蓝白色光辉的一对星。

御夫座
驾马车的人

这个被人们熟悉的北天星座，描绘的是驾驭一辆马拉战车的车夫，并且星座中最初也包括战车在内。御夫座通常被认为是成了雅典国王的厄里克托尼俄斯［Erichthonius，赫菲斯托斯和大地女神盖亚（该亚）之子，厄瑞克透斯之祖父］。他的父亲是希腊的火神赫菲斯托斯（Hephaestus，司火、冶金之神，对应罗马神话的火神伏尔甘）。

根据神话，赫菲斯托斯贪求引人注目的处女女神雅典娜（Athene，智慧与技艺的女神），并且有一天试图要引诱她。她极力摆脱他并逃走了，而他在地球大地上播撒了他的种子。不久以后，地球大地上生出了一个男孩，这就是厄里克托尼俄斯。然后，雅典娜偶然发现了他，并养育他成人，教他骑马的技能。厄里克托尼俄斯随后制造了用四匹马拉的战车。后来，他变成雅典的国王并且在那里树立起对雅典娜的崇拜，以表达对雅典娜的感激之情。

御夫座通常被描绘成在他的左肩上方搭着一头山羊。在这个星座中，最亮的星是卡佩拉（Capella，五车二）。卡佩拉这个名字的意思是母山羊。一般认为，这只母山羊是阿玛尔忒亚（Amalthea，用

奶哺育主神宙斯即朱庇特的母山羊，其角被称为丰饶之角），在宙斯还是一个婴儿的时候，是这只母山羊给宙斯哺乳。母山羊的孩子们也在，被御夫放在左臂上。孩子们是以三颗亮度较弱的星构成的三角形标出，被称为"小山羊"，或者叫海蒂（Heidi，Adalheid 的昵称）。

山羊星

御夫座不难找到，因为它有一颗非常显著的星，就是卡佩拉。御夫座与双子座和金牛座一起形成了一个紧凑的星座小三角形。卡佩拉常常被称为山羊星。在天空中，山羊星是第六颗最亮的星，而且发出的光是淡黄色的，类似于太阳发出的光，但是仅仅是发光颜色类似而已。标明那些小山羊的三颗星中的两颗——ε和ζ，也是双子星，或者叫"双子系统"。它们是"暗淡双星"，它们的亮度会周期性地变弱，这是由于其中的一颗星，遮暗了另一颗星，引起了"食"。由于御夫座是跨坐在银河上的，它是用双筒望远镜扫视星空的一个好目标。在银河边缘的θ星附近，有几个明亮空旷的星团，也是可以看得见的。

夜空的传说：揭示星座背后的神话和民间传说

御夫座中最亮的
卡佩拉星（五车二），差不多要比
太阳亮 100 倍，而太阳是一颗黄矮星，
尺寸不到卡佩拉星的 1/10。卡佩拉是
一颗"分光双星"，两个星如此接近，
以至于它们只能用分光镜才能被观
测到。

没有相关的传说来解释
为什么驾马车的车夫在
他的臂上有一头山羊。

δ

卡佩拉（五车二）

α

五车三

β

ε

η

ζ

θ

ι

金牛座 β

牧夫座
牧人

这个显著的北天星座有一个非常明显的传统风筝形状。它很容易通过沿着北斗七星（Big Dipper 大长柄勺或 Plow 犁）的柄的曲线被找到，北斗七星是大熊座（Great Bear 或 Ursa Major）中的显著的部分。有趣的是，熊在这个星座的故事里也作为了一个重要的角色，有时被称为阿克托菲莱克斯（Arctophylax），意思是看守熊的人。并且牧夫座有时被称为驱赶熊的人，而不是牧人，穿过天空追赶大熊座和小熊座（Little Bear 和 Ursa Minor）。牧夫座是带领着猎犬穿过天空追赶熊的，而猎犬座（Canes Venatici）所代表的就是这些猎犬。

传说有多个版本，其中之一认为牧夫座是阿卡斯（Arcas，阿卡狄亚国王），阿卡斯是宙斯和仙女卡利斯托（Callisto，亦作 Kallisto，一个美貌无比的仙女，为主神宙斯所爱，被神后赫拉变作母熊）之子。而卡利斯托早已发誓保持贞洁，并且已先成了阿耳忒弥斯（Artemis，月神和狩猎女神，阿波罗的孪生姐妹，相当于罗马神话中的狄安娜）的一位伴侣。不过，狡猾的宙斯假装成阿耳忒弥斯出现在她的面前，当她发现他的真实身份时，已经太晚了。她生下了阿卡斯。阿耳忒弥斯在盛怒下，驱逐了卡利斯托，

妒火中烧的神后赫拉把卡利斯托变成一头熊。

当阿卡斯长大成人后，有一天，他正在外出打猎并且偶然发现外貌已成为一头熊的卡利斯托。她认出了他，但是他却不认识他的母亲。他追赶她，她躲到了一个神圣的地方，而在这个地方如果被发现，将意味着死。为了保护她和阿卡斯，宙斯把他们安置到了天上。这个故事有好几个不同的版本，而且关于这个星座的起源，甚至还有其他的故事。

熊的尾巴

大角星（Arcturus，牧夫座 α 星）的意思是熊的尾巴，可以在牧夫座中的风筝形状的尾端找到它。作为这个星座中的一等星，它是一颗红色的巨星，已接近它的寿命末期，并且表面上看起来，呈明显的淡红色。

用肉眼去看这个星座，并不会引起什么特别的兴趣，但是如果通过小型天文望远镜，就可以看到一些精美的双星。最好看的应当是 ε 星，是淡橙黄色和浅蓝绿色的一对美丽的双星。ξ 星和 μ 星也是富有色彩的双星。

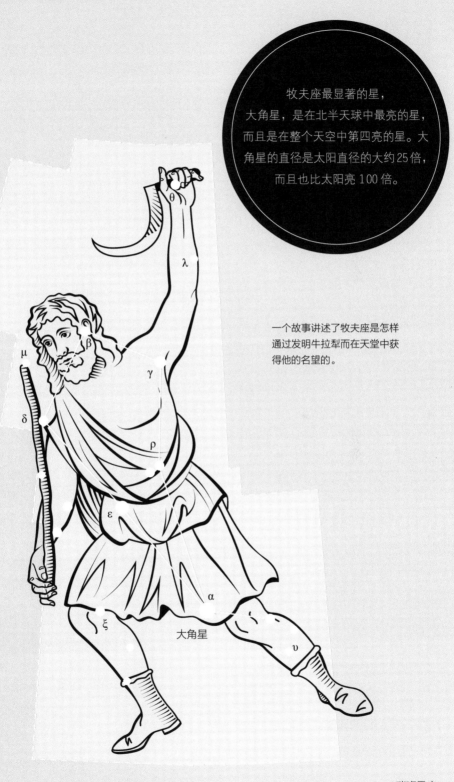

牧夫座最显著的星，
大角星，是在北半天球中最亮的星，
而且是在整个天空中第四亮的星。大
角星的直径是太阳直径的大约25倍，
而且也比太阳亮100倍。

一个故事讲述了牧夫座是怎样
通过发明牛拉犁而在天堂中获
得他的名望的。

θ

λ

β

μ

γ

δ

ρ

ε

α

大角星

ξ

υ

巨蟹座

蟹

　　巨蟹座是亮度最弱的星座之一，但是可以非常容易地找到它，只要把双子座中的亮星，即北河二和北河三（Castor和Pollux，卡斯托耳与波吕丢刻斯，宙斯的孪生子，两人合称狄俄斯库里），与南方的小犬座（Canis Minor）中的南河三（Procyon，小犬座α星）连接成一条线，那么巨蟹座就在这条线的东方。

　　在神话中，巨蟹座代表的是一只蟹，参加了与赫尔克里士（Hercules，亦译赫拉克勒斯，大力神、力士）的战斗，当时赫尔克里士正在与令人畏惧的九头蛇（Hydra，被砍去一头会长出新头的怪物）进行搏斗。赫尔克里士是宙斯（Zeus，主神，相当于罗马神话中的朱庇特）和仙女阿尔克墨涅（Alcmene，底比斯王安菲特律翁之妻）的儿子，是发生在宙斯身上许多不正当风流韵事的产物之一。宙斯的妻子赫拉（Hera，神后）憎恨赫尔克里士，竭尽全力要毁掉他，首先让他在疯狂中杀死他的妻子和孩子，然后让他干不可能完成的苦差事。

　　在第一个苦差事中，赫尔克里士战胜了尼米亚山谷的狮子，之后，他又开始与多头的九头蛇较量并战胜了它。赫拉只好派了一只蟹去攻击赫尔克里士，还是没起到什么效果。他把蟹碾碎在脚下。于是，赫拉把这只蟹放入了天堂。

在蜂箱周围的蜜蜂

　　这个亮度微弱的星座最令人感兴趣

的特征集中在它中间的δ星。如果你在一个漆黑的夜晚看δ星，你能在δ星附近看见一大群星。这一大群星被命名为鬼星团（Praesepe，是巨蟹座中心的一个暗星团），也被称作蜂房（Beehive，鬼星团的另一种称谓），因为这些星星看起来非常像群聚集在蜂箱周围的蜜蜂。

占星家是怎么说的

　　巨蟹座是黄道带的星座之一，位于双子座和狮子座之间。目前，太阳在7月20日和8月10日之间穿过巨蟹座。而在占星术中，巨蟹座是黄道十二宫的第四宫，包括的时间段是6月22日~7月22日，因为这是在古希腊时期规定的。6月22日是夏至的日子，在这一天，太阳到达赤道北边的最远点。这个极限点确定了热带地区的最北端，被称为北回归线（巨蟹座回归线）。但是，因为岁差（地球轴的旋进摇摆引起），现在太阳在夏至时候的位置是落在双子座里，因此，从理论上讲，巨蟹座回归线现在应该被更名为双子座回归线。

　　占星家说，6月22日~7月22日出生的人容易激动，有时也会安静甚至郁郁不乐。但他们富有同情心、友善，他们爱家并且值得信赖，他们是很好的伴侣。但是如果他们失恋了，会怀恨在心，进行报复。

在巨蟹座中间的星，即 δ 星的附近，有一个分散开来的星团叫鬼星团。用双筒望远镜看会更容易看到它，但最好是使用一个小型天文望远镜。鬼星团总计包含了至少 300 颗单独的星星。

意大利天文学家伽利略首先把鬼星团分解成了单独的星星。

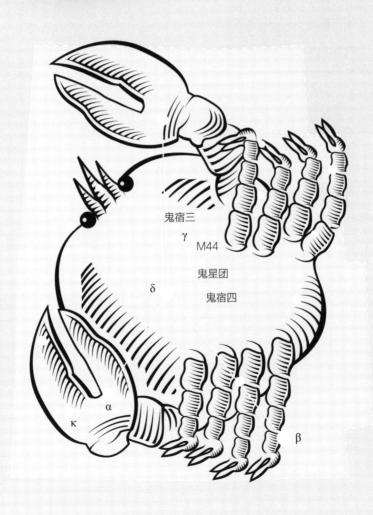

鬼宿三

γ

M44

鬼星团

鬼宿四

δ

α

κ

β

大犬座

大犬

大犬座所象征的是伴随猎人俄里翁（Orion，猎户座，追逐普勒阿得斯的巨人）的一只狗。在天上，大犬帮助俄里翁追赶野兔（Lepus，天兔座）。俄里翁的其他狗，小犬座（小犬），位于穿过银河的猎户座和大犬座的对面。在神话中，这个星座与传奇狗里拉普斯（Laelaps）有关。这狗能跑得比它追赶的任何猎物都快。不过在追赶一只狐狸时，这只狐狸跑得如此之快，以至于没有任何什么狗能赶上它，最后，里拉普斯和狐狸注定要永远彼此追逐下去。宙斯介入了进来，把它们两个都变成了石头，并把里拉普斯放到了天上，成了大犬座。

在所有星星当中最亮的星

这个星座的特点是，它有一颗主星，天狼星。天狼星在天空中是最亮的星。这并不令人感到意外，这就是大众所熟悉的犬星（Dog Star，大犬座主星），并且从古希腊时期开始这颗星就拥有这个名字。天狼星名字的意思是炎热。古希腊人认为天狼星是造成夏天炎热的原因，因为在 7 月和 8 月，它在黎明的天空中升起，恰好是在太阳升起之前。正因为如此，这段酷暑和闷热的时期，被称作犬天（dog days，即三伏天、大热天，北半球上 7 月 3 日~8 月 11 日的酷暑期、酷热期或最酷热的日子）。

早期的古埃及人没有辨认出任何的犬星座，但是他们认为星座中的天狼星极其重要。他们称天狼星为索西斯（Sothis），或者尼罗河星（Nile Star）。他们甚至崇拜这颗星，因为天狼星碰巧在黎明的天空中出现，而又恰好是在每年尼罗河洪水泛滥的时候。古埃及人依靠这种泛滥，灌溉并且滋润他们的土地，发展农业。

天狼星的亮度大约为 –1.5 等（星等为负值是表示格外明亮的星）。它的亮度大约是下一颗最亮的老人星（Canopus，船底座 α 星）的两倍。奇怪的是，这两颗星在天空中的相对位置很近，但这只不过是巧合而已。

天狼星不是一颗单独的星，而是双星。另一颗星是一颗极小的白矮星。天狼星甚至是被发现的这类星中的第一颗星。在 1862 年，这颗白矮星被命名为天狼星的伴星，并且还有一个受大众喜爱的绰号，小狗（Pup）。

天狼星，是大犬座的主星，对我们来说，它看上去如此明亮。这是因为它相距我们较近，离我们的距离稍稍不到九光年。天狼星大约仅比太阳亮 25 倍，而参宿七（猎户座 β 星）则位于更远的猎户座内，与我们的距离比天狼星与我们的距离多 100 多倍，并且比太阳亮大约 6 万倍。

在古埃及，这个星座被描绘成一头卧下的牛，而索西斯（天狼星）位于它的牛角之间。

天狼星

γ

α

β

δ

ε

ζ

κ

摩羯座

海山羊

摩羯座是一个亮度相对较弱的星座，但它是最古老的星座之一，并且总是与水和海洋联系在一起。在古巴比伦时期，它被称为"山羊鱼"并且被认为是掌管天上事物的，据传说，底格里斯河和幼发拉底河发源于天上的摩羯座。

古希腊人也把摩羯座视为一种奇怪的动物，长着山羊的头和前肢，但有一条鱼的尾巴。他们把它看作是吹管乐的神——潘（Pan，人身羊足、头上有角的山林、畜牧神，相当于罗马神话中的福纳斯 Faunus，即乡神，司动物生活及繁殖的神，同时也是农业、狩猎、畜牧和大自然秘密的守护神）。潘是管森林和牧场的大神，他总是在森林和牧场中游荡，吹奏管乐并带着仙女跳舞。有一天他正含情脉脉地追求仙女西琳克丝（Syrinx，阿卡狄亚水泽女神），但是她的姐妹们把她变成了芦苇，因为他正要猛扑过来抓她。当他为此叹息的时候，他的气息吹到了芦苇，芦苇发出了音乐之声。他割下一些不同长度的芦苇，把它们绑在了一起，排列制成了"潘神箫"，也称作排箫（形似笙的古乐器）。

占星家是怎么说的

占星家总是把这个星座称作摩羯座。它是黄道十二宫的第十宫，包括的时间段是 12 月 22 日~1 月 19 日，这是在古希腊时期规定的。目前，太阳在 1 月 19 日和 2 月 16 日之间穿过摩羯座。

12 月 22 日这个时间大致就是冬至，这一天太阳到达赤道南边最远点。这个极限点确定了热带地区的最南端，被称为南回归线（摩羯座回归线）。但是，因为岁差（地球轴的旋进摇摆引起），现在太阳在冬至时候的位置是落在射手座里，因此，我们现在应该真正地把南回归线称作射手座回归线。

根据占星家所说，摩羯座的人比较勤奋，是可信赖的。他们可能会有一个严厉的外表，但是经常在这个严厉的外表下面是敏感的内心。他们渴望得到尊重和获得承认。12 月 22 日~1 月 19 日出生的人是忠贞的，但是有时看起来是一个相当冷淡的伴侣，不愿意表现出他们的真实的感情。

摩羯座是一个不显眼的星座，只有几个三等星。它是黄道带上最小的星座，位于人马座和宝瓶座之间的一个"多水"的天空区域。

敏锐的眼睛能发现 α 星是双星，但是实际上，它的两颗星相距有数百光年。

垒壁阵四

δ

γ

ι

θ

ε

η

ζ

ψ

ω

α

ν

β

牛宿一

船底座

龙骨

船底座是极漂亮的遥远的南天星座之一，超出了在地球北半球的大多数天文学家凝望星辰的视野。古人不认为船底座是一个单独的星座，而是更大的南船座（Argo Navis，南船座是旧星座名）的一部分。南船座是阿尔戈英雄（"阿尔戈"号的船员，随伊阿宋去科尔契斯盗取金羊毛的人）的"阿尔戈"号船（Argo），而船底座（Carina）代表的是这艘船的龙骨，船帆座（Vela）代表的是帆，船尾座（Puppis）代表的是船尾。1752年，法国天文学家尼古拉斯·拉卡耶（Nicolas Lacaille，1713—1762）把南船座分成了这三个星座。

阿尔戈英雄是古希腊著名的传奇故事中的重要人物，故事讲的是伊阿宋（忒萨利亚王子）寻找金羊毛。金羊毛在格鲁吉亚西部的科尔契斯（Colchis，古地理名，位于黑海和里海之间）的一个洞穴里被发现，洞穴由一个龙守卫着，这个龙就是德拉古（公元前7世纪晚期雅典政治家、立法者，以制定的法律严酷著称）。伊阿宋与他带领的50名英雄，其中包括卡斯托耳与波吕丢刻斯（宙斯的孪生子，两人又合称狄俄斯库里，即北河二与北河三，参阅第66~67页）以及音乐家奥菲厄斯（Orpheus，奥尔甫斯、俄耳甫斯，希腊神话人物，诗人和音乐家）。

他们在旅程中，有很多冒险的经历。

例如，他们必须通过夹击的石门关，这个石门关就像两扇滑门一样地打开和关闭，会压碎在它们之间夹住的任何东西。伊阿宋先派出了一只鸽子让石门关闭，然后当石门再次短暂打开时，拼命地划船逃命，让人安全地通过。在科尔契斯，伊阿宋爱上美狄亚（Medea，希腊神话中科尔契斯国王之女，以擅长巫术著称），美狄亚帮助阿尔戈英雄偷走了金羊毛，并把金羊毛带回了希腊。伊阿宋在科林斯（Corinth，希腊古城，希腊南部海港，位于科林斯地峡）把"阿尔戈"号船放在专供神圣的波塞冬（Poseidon，海神，即罗马神话中的尼普顿，克罗诺斯和瑞亚的儿子，宙斯和哈得斯的兄弟）的一片小树林里。

扬帆银河

船底座和从南船座分出来的其余两个星座被镶嵌在银河中一个最耀眼的区域里。它毗连南十字座（Crux，南方的十字架）和半人马座（Centaurus，半人半马像）。在银河的区域内，在"假十字架"（False Cross）和南十字座的十字架的中间，是船底座η星云（Eta Carinae Nebula）NGC3372，它是在天空中最耀眼的星云之一，在19世纪，船底座η星本身突然爆发，变得比老人星（船底座中的α星）更亮。它是已知的最大的恒星之一，并且非常地不稳定，不断喷出巨大的气体和尘埃云。

船底座最亮的星是老人星，但位于远离银河的天空中，因此，只有天狼星显得更亮。在船底座的中心部分，两颗星星与另两颗星星在船帆座邻近的地方构成了一个十字架。凝望星辰的观测者可能会把这组星与南十字座的十字架相混淆，因此它被叫作"假十字架"。

这个星座的形状只描绘出了"阿尔戈"号船的50把船桨中的几把。

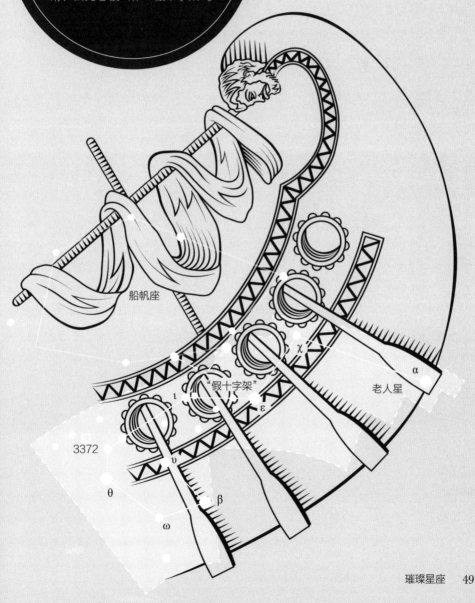

船帆座

"假十字架"

3372

老人星

仙后座
虚荣的王后

仙后座是北天星座之一，位于仙王座（Cepheus）和仙女座（Andromeda）之间。在传说中，仙王座代表的是刻甫斯（埃塞俄比亚国王、安德洛墨达之父），卡西俄珀亚（埃塞俄比亚王刻甫斯的王后，仙后座）是刻甫斯的王后，安德洛墨达是他们的女儿。传说中的埃塞俄比亚不是我们今天所熟知的埃塞俄比亚，而是在现在的约旦和埃及附近的一个地区。

王后卡西俄珀亚不仅非常妩媚动人，而且还很虚荣。她除了喜欢坐在镜子前梳理她的长发以外，其他什么事情都不做。有一天。她觉得她自己看上去特别美丽迷人，甚至自夸她肯定比著名的可爱的海仙女涅瑞伊得斯[海神涅柔斯50个女儿之一，天文学中为海（王）卫二]更美丽。

得知这个消息，海仙女们理所当然地非常生气。其中一位海仙女名叫安菲特律特（Amphitrite，海的女神，海中50仙女之一，海神波塞冬之妻），鉴于卡西俄珀亚的虚荣自夸，她请求她的丈夫作为海神去惩罚卡西俄珀亚，他为此去做了。他派了一个可怕的海怪，叫作鲸鱼（鲸鱼座，参阅第54~55页），使刻甫斯和卡西

俄珀亚的王国成为废墟。为了避免遭到灭绝，刻甫斯和卡西俄珀亚不得不交出他们的女儿安德洛墨达作为供奉给海怪的祭品，并且她被按要求拴在岩石上，等待她的命运。但是，在紧要关头，英雄珀尔修（亦译珀耳修斯）出现了，杀死了海怪（参阅第32~33页仙女座中的安德洛墨达）。

对卡西俄珀亚的惩罚并没有就此结束。在她死的时候，她被作为一个星座置于天空中，而且位于北极星附近。在那里，她坐在椅子上，仍然在梳头，并且被判罚永远围绕天极盘旋，常常是倒挂着的。

永远在盘旋

在众多星座中，仙后座有一个最容易被辨识的形状，一个清晰的 W 形，是由它的五颗主要的亮星形成的。从北半球的大部分地方观测，仙后座是围绕天极的（拱极的，习惯上，常把离天极很近的星，如南、北赤纬大于80°的星，称作"拱极星"），也就是说，总是位于天球地平圈以上。这就是王后卡西俄珀亚被判罚永远围绕天极盘旋的原因。

虚荣的王后卡西俄珀亚（仙后座）在天空中的姿势是一个非常没有尊严的姿势。

仙后座所在的位置跨越银河，整个的区域繁星云集。用双筒望远镜或通过一个小型天文望远镜可以看得见各种颜色的微小的星星、双星、稠密的星团、艳丽的星云。

ε

δ

阁道三

γ

β

υ

王良四

α

半人马座

人面马身的怪物

这个星座是以神话中居住在希腊北部的半人半马的动物而得名。半人马中的大多数是一群野蛮、无法无天的家伙，只喜欢享乐、喝酒，打架。最终，他们放纵的生活方式得到了报应。有一天，在拉皮斯（Lapiths）族国王的婚礼宴会上，一个喝醉的半人马攻击新娘。于是，一场激烈的战斗爆发了，最终拉皮斯族战胜了半人马并且把他们赶走。在奥林匹亚（Olympia，古希腊城市，现代奥林匹克运动会的发祥地）的宙斯神庙里有一些壮丽的雕塑品刻画了这场战争的主题。

在星座里的这个半人半马的怪物，是泰坦（Titans）的国王克罗诺斯（Chronos，泰坦巨人之一，天神乌拉诺斯和地神盖亚的儿子，他夺取了父亲的王位，他的儿子宙斯又把他的王位夺走）和名叫菲丽拉（Philyra）的海仙女私通所生的子女，国王的妻子瑞亚（Rhea，多产女神，宙斯、波塞冬、哈德斯、得墨忒耳、赫拉和赫斯提亚的母亲，故称众神之母），当场抓住他们，因此克罗诺斯把自己变成一匹马并且飞奔离开。后来，菲丽拉生下了他们的半人半马的儿子喀戎（Chiron，亦作 Cheiron，在天文学中称喀戎星体，或科伏尔星体）。

喀戎不像其他半人马那样野蛮。他变成了聪明博学的半人马，并且被证明是一位在艺术方面和治疗方面卓越的

教师。他的一位著名的弟子是阿波罗（Apollo，即太阳神）的儿子埃斯科拉庇俄斯（Asclepius，医神，即希腊神话中的阿斯克勒庇俄斯），被培养为希腊的药神。赫尔克里士（亦译赫拉克勒斯，大力神）用一支毒箭无意中杀死了喀戎。箭头蘸着九头蛇（长蛇座，被砍去一头会长出新头，后被大力神赫拉克勒斯杀死）的血，这是致命的。

南指极星

半人马座是南天星座之一，在星座中，半人马像的脚跨在南十字座（参阅第 56～57 页）明显的南十字上。它的两颗最亮的星，半人马座的 α 星和 β 星，是在天空中很亮的两颗星。这两颗星构成了南十字座很好的指极星。

半人马座的 α 星是离我们的最近的亮星，离我们大约有 4.3 光年的距离。在附近，有一颗亮度微弱的红矮星，名叫半人马座的"比邻星"（Proxima Centauri），实际上是离我们最近的星。

大部分半人马座位于银河中，因此它拥有稠密的恒星云、星云和星团。在整个天空中，半人马座的 ω 星是一个球状星团的最好的例子，大量的星星挤在一起形成一个球形。半人马座的 ω 星可以用肉眼很容易看到，但通过双筒望远镜看起来更加壮丽。

夜空的传说：揭示星座背后的神话和民间传说

用你的眼睛从半人马座的 β 星到 ε 星连接一条线，沿着这条线再延伸出一段相等的距离，有一块明亮的斑块看起来像一颗模糊的星。不过，它并不只是一颗星，而是一个有着数百万颗星的星团，叫作半人马座的 ω 星。

如同描绘的那样，这个半人马正要杀死一匹狼（邻近的星座是豺狼座）作为祭品。

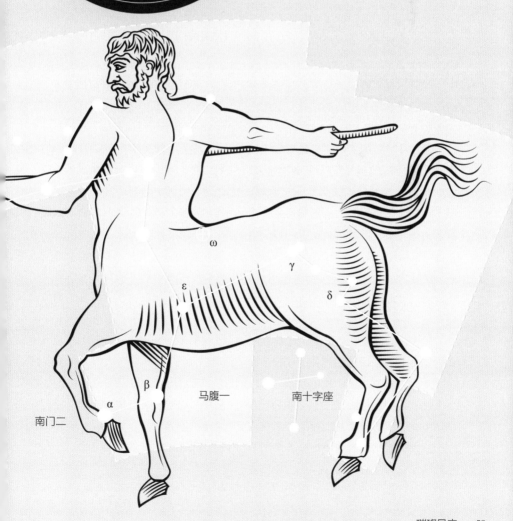

ω

γ

ε

δ

β

马腹一

南十字座

α

南门二

鲸鱼座
海怪或鲸鱼

这个星座在天空中是第四大星座，并且是古老的星座，差不多2000年前，托勒密（公元前2世纪的希腊天文学家、数学家、地理学家）就列举了它，并说它有22颗星。鲸鱼座是在跨越广阔天空的一组与海洋相关的星座中的一部分，这一组星座也包括了在附近的双鱼座（鱼，参阅第84～85页），水瓶座（水持有人，参阅第34～35页），以及南鱼座（南方的鱼）。

鲸鱼座常常被描绘为一个样子怪异的体形巨大和外表可怕的怪物。它的巨大的头有开裂的下巴，上面布满了凶狠的牙齿，并且它的又短又粗的前肢末端长着锋利的爪子。它的长身子被鳞覆盖，它的尾巴卷成圈，就像海蛇卷的那样。除了它巨大的体形外，虽然鲸鱼座经常被认为是鲸鱼，但是这个动物的样子根本就不像鲸鱼。古代的人们即使从未看见过活的鲸鱼，但也许会熟悉鲸鱼的骨架，于是他们无疑发挥了想象力，给这样的骨骼穿上"外套"，得到了这个怪物。

鲸鱼座在天空中"游"着，离仙女座并不是太远，仙女座代表了安德洛墨达（埃塞俄比亚公主，被珀尔修从海怪手中救出并娶为妻），她被链子拴住，在神话中是被作为祭品供奉给鲸鱼海怪的一个少女。这是因为她的喜好自夸的母亲冒犯了众神（参阅第32～33页）。在鲸鱼海怪得到安德洛墨达之前，英雄珀尔修（参阅第50页）杀死了鲸鱼海怪。一个故事说珀尔修杀死了它，另一个故事说，珀尔修正提着美杜莎的头，当珀尔修把美杜莎眼睛对着鲸鱼海怪时，鲸鱼海怪变成了石头。

令人惊奇的长周期变星蒭藁增二（Mira）

鲸鱼座是一个向各个方向蔓延的星座，并且亮度微弱。它的两颗最亮的α星到β星大约相当于三等星，分别嵌在怪物的头和尾巴上。

沿着从α星到β星的连线大约在1/3的位置上有一颗星，对观测者来说，是最为有趣的一颗星。它在星座中被命名为鲸鱼座o星，但是天文学家也把它叫作蒭藁增二（Mira，有的天文科普书中称为刍藁增二，其中"蒭"通"刍"），意思是令人惊叹的。鲸鱼座的蒭藁增二之所以是令人惊叹的，是因为它随着时间的过去，亮度会发生显著的变化。在它最亮的时候，它是三等星，就像α星和β星一样，很容易用肉眼观测到。然而它的亮度逐渐变弱，大约变成了十等星，结果用肉眼，甚至用普通的双筒望远镜也都看不见它了。过后，它又逐渐恢复到以前的亮度。

鲸鱼海怪打算吞噬安德洛墨达，
但是被英雄珀修斯阻止了。

鲸鱼座最有趣的星，鲸鱼座
o（Omicron）星或称为刍藁增二
（Mira Ceti），是在长周期变星中最先发
现的一颗，因此被称为刍藁增二变星。
它是一颗巨大的红巨星，在大约 11 个
月（平均 332 天）的周期内，亮度
发生变化。

α

δ

o
刍藁增二

β

南十字座
南方的十字架

在南半天球里，没有哪个星座比南十字座（南方的十字架）更著名。它位于南方，在欧洲北部和北美洲更北部地区的天文学家们永远都看不到它。古时的巴比伦人和希腊人也很难在南方天空中看到如此遥远的它。在那些日子里，它被认为是作为半人马座的一部分，因为它位于半人半马（肯陶洛斯，人面马身的怪物）的前后腿之间。

南十字座只是在 16 世纪的某个时候开始，才被认为是一个单独的星座。那时，欧洲探险者首先开始在南半球的海洋中航行并把南十字座用作导航。十字架是给航海家们的恩赐，因为十字架的长坐标轴几乎恰好指向南天极。它对在南半球的航海者来说非常重要，就像北极星（极星）对在北半球的航海者来说非常重要一样。

人们可能会将南十字座与在它附近的船底座和船帆座两个星座之间的"假十字架"混淆起来。找到南十字座最好的方法是通过用明亮的半人马座 α 星和 β 星作为指极星。

全部星座中的最小星座

虽然南十字座很小，但是它引起人们很大的兴趣。在它的 4 颗主要的星中，有两颗星是一等星，一颗是二等星，另一颗是三等星。

α 星，也叫南十字二（Acrux，或称十字架二），在它的附近看上去，好像在银河中有一个黑暗的洞。这个洞实际上是一个由气体和尘埃构成的黑暗的、稠密的星云，遮蔽住了在它后面的星星，并且它被恰如其分地命名为"煤袋子"（Coal Sack）。

在 β 星附近，靠近"煤袋子"的边缘，是聚集在 κ（Kappa）星周围的一群彩色的星。它们很容易用肉眼看到，而当通过双筒望远镜观看时，更是炫目至极。英国数学家、天文学家约翰·赫歇尔（John Herschel，1792—1871），也就是发现了天王星的德裔英国天文学家弗雷德里克·威廉·赫歇尔的儿子，把这个星群命名为"珠宝盒"，而且它确实就像蓝宝石、红宝石和钻石一样闪闪发光。

南十字座
是在所有星座中最小的。
它的范围大约是最大的星座长蛇座尺
寸的 1/20。因为它被镶嵌在银河内灿
烂耀眼的那部分区域中，所以很难
被立刻发现。

虽然很小，但很壮观，南十字
座位于半人马座的，也就是半
人半马像后腿的下方。

半人马座

马腹一

人马座 α

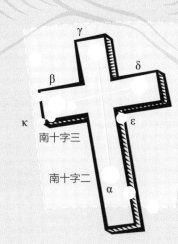

γ

β δ

κ

南十字三

ε

南十字二

α

天鹅座

天鹅

天鹅座是看起来像所代表形象的少数几个星座之一。只要发挥一点点想象力，就能用它的亮星所构成的图案具体勾画成一只天鹅，并且还有在飞翔中展开的翅膀和伸出来的长脖子。

对古希腊人来说，天鹅座代表的是库克诺斯（Cygnus，科罗奈国王，在特洛伊战争中被阿喀琉斯杀死，死后变为天鹅），是伪装成天鹅的主神宙斯。在他贪求的很多女人中，有一个名叫勒达（Leda，斯巴达王廷达瑞俄斯之妻，与化身天鹅的宙斯生下波吕丢刻斯和海伦），她是斯巴达（Sparta，希腊南部的古代城邦）的王后。宙斯把自己变成一只天鹅并且在河岸上与她发生了关系。之后的一个夜晚，勒达也与她的丈夫，也就是斯巴达的国王发生了关系。勒达怀了孕，但是她生下来的不是婴儿，而是产下了两枚巨大的蛋。

从一个蛋中，孵出来的是卡斯托耳与波吕丢刻斯（在双子座里的那对孪生子，参阅第66~67页）；从另一个蛋中，孵出来的是克吕泰墨斯特拉（Clytemnestra，亦作 Clytaemnesra，迈锡尼王阿伽门农之妻，同情夫埃癸斯托斯合谋杀死自己的丈夫，后被其子俄瑞斯忒斯所杀）和海伦（Helen，引起了持续十年的特洛伊战争的绝世美女，斯巴达王墨涅拉俄斯之妻）。卡斯托耳和克吕泰墨斯特拉由斯巴达的国王抚养，波吕丢刻斯和海伦由宙斯抚养。

海伦长成了世界上最美丽的女人，她就是闻名的"特洛伊的海伦"（Helen of Troy），引起斯巴达和特洛伊（Troy，小亚细亚西北部的古城，特洛伊战争的战场）之间发生特洛伊战争。

天鹅的尾巴

从天文学的角度来说，用肉眼观测时，天鹅座沿着银河飞翔，看起来非常美。天鹅座中最亮的星，"天津四"（Deneb，天鹅座 α 星），就在天鹅的尾巴上。"天津四"是一等星，它比大多数其他的亮星都要离我们更遥远，但是我们仍然能看见它在耀眼地发光，因为它具有超过6万个太阳的发光能力，所以异乎寻常地亮。天津四与天琴座（Lyra）里的织女星（Vega，也称织女一）和天鹰座（Aquila）里的牛郎星（Altair，天鹰座 α 星，俗称牵牛星或河鼓二）一起构成了"夏季三角形"。

银河很值得我们用双筒望远镜来巡视。在天津四和亮度较弱的 χ（Xi）星之间的区域，显示出的是一个大的星云。需要用天文望远镜才能显现出它那不可思议的、栩栩如生的北美洲形状，所以它被称为"北美星云"。

天鹅的喙被标明的
是天鹅座的三等星，即 β 星
（Albireo）。这颗星是使用小型天文望
远镜进行观测的观测者最喜欢的一颗
星。它是一颗美丽的双星，是一对
蓝色和黄色的伴星。

难怪这个星座还有另一个可
替代的名字，叫作"北十
字"（Northern Cross，北方的
十字架）。

天津四

ξ

α

δ

γ

ε

辇道增七

β

剑鱼座

剑鱼

剑鱼座在 16 世纪末才开始在星图上描绘。它位于遥远的南方天空中一块相当不显著的区域，离南天极不远。

在剑鱼座周围的星座还有山案座（Mensa，桌子）、绘架座（Pictor，画家）、雕具座（Caelum，凿子）、网罟座（Reticulum，网），以及水蛇座（Hydrus，小蛇），也是在近代被发现的，所以没有古典神话与这些星座相关联。这些星座的发现是出自所谓的难以归类的星星，或者称作"被剩下"的星星。

在太空中的星岛

标出剑鱼座的界限范围的星星，亮度都相当微弱。要找到剑鱼座，可以先找到起引导作用的老人星（船底座 α 星），然后朝着波江座（Eridanus）中的一等星，即阿却尔纳星（Achernar，水委一，波江座中最亮的星）的方向移动，画出一条线，稍微在这条线的南边，你会看到剑鱼座的主要领地范围，它是一个模糊的斑块，用肉眼很容易看到。

这个模糊的斑块看起来像银河系中相当孤立的一部分，但是它并不是银河系的一部分。尽管用双筒望远镜能分辨出银河系中的星星，却不能分辨出这个斑块中的星星，小倍数的望远镜可以辨认出斑块里的亮星，大倍数的望远镜还能挑出大量的亮度更微弱的星星。它看上去似乎是一个比银河系更为遥远的星系。是的，正是这样。它是在太空中的另一座星岛，是另一个星系，是另一个离我们的银河系最近的河外星系。

用肉眼看上去就像云一样，它被称作"大麦哲伦云"（Large Magellanic Cloud，LMC）。LMC 远比我们自己的银河系要小得多，而且形状不规则，它是以葡萄牙航海家费迪南·麦哲伦（Ferdinand Magellan，1480—1521）的名字命名的。麦哲伦应该是第一个看到它的欧洲人之一。他率领了第一个探险队环绕全球航行，于 1519 年开始出发。不过，麦哲伦并未完成这个第一次的环球航行，因为在两年后，他在菲律宾被人杀死了。

那么为什么它被称作"大"麦哲伦云呢？好吧，那就让我们沿着从老人星到 LMC 的一条线看上去，你会发现一个更小的模糊的斑块。这就是"小麦哲伦云"（Small Magellanic Cloud），是另一个稍微更远的银河系的邻居。

在剑鱼座里的大麦哲伦云，包含了几乎与我们的银河系里一样的普通星、变星、星团和星云，它们被混合在一起。在这些星云中，有一个可以用肉眼看得到，它被叫作"狼蛛星云"（Tarantula Nebula），因为它与这种蜘蛛很相似。

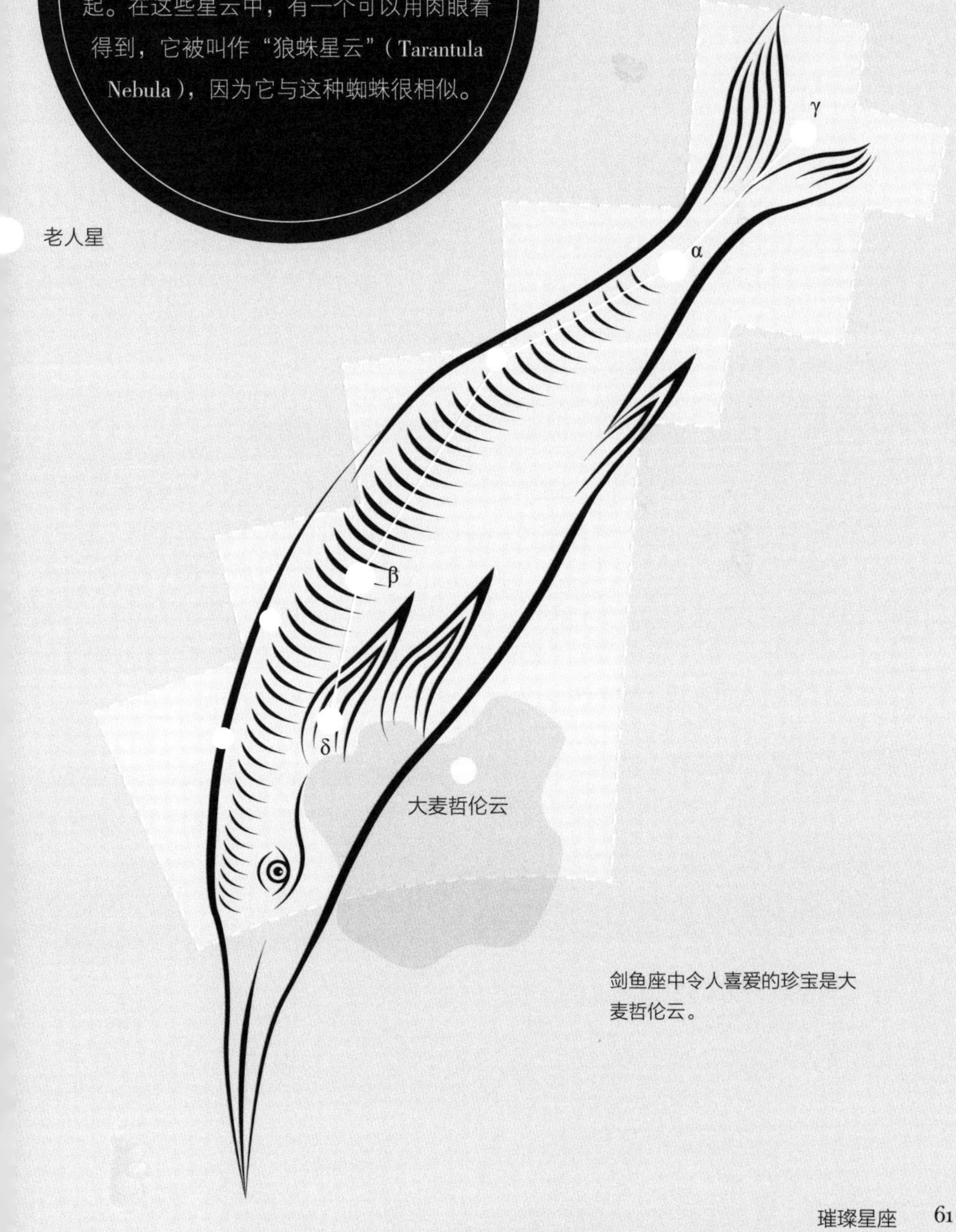

老人星

γ

α

β

δ

大麦哲伦云

剑鱼座中令人喜爱的珍宝是大麦哲伦云。

天龙座

龙

天龙座盘绕着自身，像大蛇一样，大致就在北天极的周围不远，而北天极的位置是由北极星（Polaris，也称极星）标出的。从北半球大多数地方看，天龙座位于如此遥远的北方，它在拱极区内，从不沉落，并且在地平圈上方总能被见到。

在神话中，从来不沉落的龙成为从来不入睡的龙，这个怪物称为拉顿（Ladon）。它有 100 个头，并且在一个精致的赫斯珀里得斯金苹果园（Garden of the Hesperides）里是一名看护神圣的金苹果的永远警觉的守护者，而金苹果园位于世界最遥远的西方的尽头。赫斯珀里得斯是阿特拉斯（Atlas，以肩顶天的泰坦巨神之一，因参与反对奥林匹亚诸神而被罚用双肩在世界最西处支承天宇）和长庚星（Hesperus），即黄昏星（金星）的女儿（看守金苹果园的四姊妹）之一。她们被委派了保卫苹果的任务，但也还是禁不住要摘吃苹果。

作为一项紧要的任务，古希腊英雄中最勇敢的赫尔克里士（大力神）打算给他的堂兄弟欧律斯透斯（Eurystheus，迈锡尼国王，斯忒涅罗斯和尼喀珀之子，珀尔修斯之孙，赫刺克勒斯曾为他服役），

也就是阿尔戈斯（Argos，希腊伯罗奔尼撒东北部古城）的国王偷金苹果。在寻找果园的过程中，他不得不在密林中冒着死亡的风险，必须战胜很多的攻击者，包括一只狮子和一只可怕的鹰。最终他到达了金苹果园。在那里，他杀了拉顿，偷了苹果后匆忙逃跑。还有一个版本的故事说，阿特拉斯用他的双肩扛着天，帮助了赫尔克里士。而赫尔克里士也说服阿特拉斯摘苹果，同时赫尔克里士临时用他的双肩扛着天。

紫微右垣和极星

天龙座在北极星周围蜿蜒曲折地盘绕着。但是北极星不总是极星。当地球在太空中自转时，地球会摇摆，相当于被抽的陀螺一样。这个摇摆运动，天文学家称为岁差，使得地轴在不同的时期在太空中指向不同的方向。

地轴现在指向北极星，因此北极星是极星。但在 4000 年以前，在古埃及时期，地轴指向天龙座里的 α 星，被称作紫微右垣（Thuban，意思是大蛇的头）。再过大约 2.2 万年之后，紫微右垣将再次成为极星，因为地球的每一个岁差循环周期要经历大约 2.6 万年。

天龙座像一条蜿蜒伸展的大蛇，是天空中的第八大星座。埃及吉萨（Giza）的大金字塔大约是在紫微右垣为极星的时期建造的，认为是连接到极星的一条通道。

在这个蜿蜒伸展的星座中，γ星是最亮的星，而并非是α星。

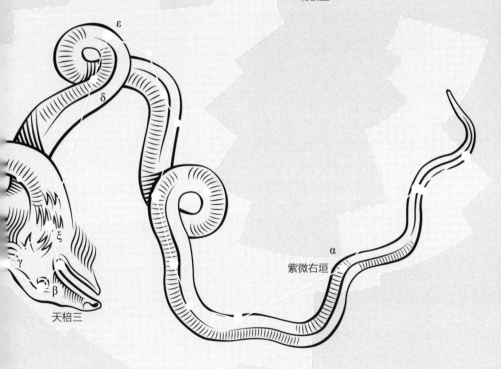

北极星

ε

δ

ξ

γ

β

天棓三

α

紫微右垣

波江座

蜿蜒的河

从天赤道附近的猎户座一直到南半天球的深处，就像一条曲折蜿蜒的河，波江座是在所有星座当中最长的。它长久以来一直与各种不同的河联系在一起，既有真正的河，也有想象的河。它是流入宇宙中的一条大河，叫作俄亥阿诺斯河（Oceanus，亦译俄克阿诺斯，海洋之神、水之神，乌拉诺斯和该亚的儿子，围绕地球流动的大河），围绕着宇宙流动。对古巴比伦人来说，它代表的是天上的幼发拉底河。幼发拉底河是美索不达米亚（古代亚洲西部地区，亦称"两河流域"，现为伊拉克的一部分）的两条河之一（美索不达米亚的意思是"在两河之间"，另一条河是底格里斯河）。对古埃及人来说这条河是尼罗河。

神话中的波江河（希腊传说中北欧的一条大河）描写的是费顿（Phaeton，发光）的令人可怕的冒险经历。费顿是光神赫利俄斯（Helios，太阳的希腊语单词，即太阳神）的一个儿子。有一天，为了向怀疑者证明他具有神的出身，他恳求他的父亲让他驾驶太阳战车穿过天空一天。

最终，赫利俄斯同意并交给他驾驭马的缰绳。鲁莽的马立刻察觉到了他是个缺乏经验的生手，并且以发狂的速度出发了。他们在太空中疯狂地奔跑并且接近地球，他们距离地球如此之近，以至于大地开始燃烧，河流开始干涸，甚至整个宇宙都有着火的危险。为了避免这个灭顶的灾难，宙斯用雷电霹雳击中了费顿。不幸的年轻人摔落回到了地球上并且扎进了波江河，淹死了。他的姐妹赫利阿姿（Heliads）开始哀悼他，姐妹们的眼泪变成的琥珀，被冲上了河岸。

河的末端

在波江座里大多数星的亮度都是很微弱的，占据了天空中相当空旷的一部分区域，其中也包括了其他星座，例如鲸鱼座（参阅第 54～55 页）中延伸进来的微弱的星星。只有在波江座最南端的阿却尔纳星（水委一，波江座中最亮的星）是最亮的。

从天文学的角度来看，在这个星座里最有趣的一颗星是 η 星。波江座的 η 星恰巧是一颗非常像太阳的恒星，离我们大约有 11 光年的距离，它是离我们最近的像太阳的恒星之一，它甚至可能有一个围绕着它的行星系。对于 SETI（search for extraterrestrial intelligence，代表"对外星人的搜寻"）的研究人员来说，它是一个备受喜爱的研究目标。

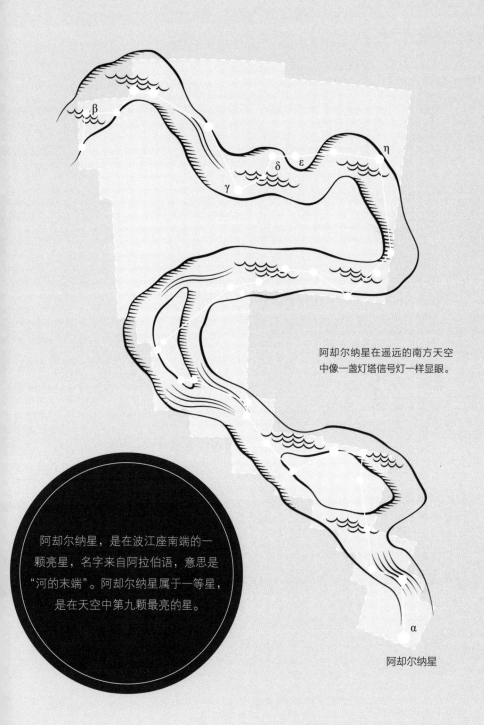

阿却尔纳星在遥远的南方天空
中像一盏灯塔信号灯一样显眼。

阿却尔纳星，是在波江座南端的一
颗亮星，名字来自阿拉伯语，意思是
"河的末端"。阿却尔纳星属于一等星，
是在天空中第九颗最亮的星。

阿却尔纳星

双子座

孪生子

双子座是在北半天球的冬季天空中很显著的星座之一。孪生子卡斯托耳与波吕丢刻斯（宙斯的孪生子，两人合称狄俄斯库里，天文学中指双子星座，古希腊罗马神话中亦译卡斯特与帕勒克）所代表的耀眼的北河二星与北河三星主导着双子座。

双子座与御夫座（Auriga）、金牛座（Taurus）和炫目的猎户座一起上演了一场壮丽的光的演出秀。在一个由一等星构成的大椭圆形中，北河二与北河三是一部分，其他一等星还包括南河三（小犬座α星）、天狼星、参宿七（猎户座β星）、毕宿五（金牛座α星）和五车二（御夫座α星）。

在神话中，卡斯托耳与波吕丢刻斯是美丽的勒达（斯巴达王廷达瑞俄斯之妻）的儿子。宙斯冒充天鹅引诱了她，他所伪装的那只天鹅就是被置于天空中的天鹅座（科罗奈国王在特洛伊战争中被阿喀琉斯杀死，死后变为天鹅）（参阅第 58~59 页）。由于这次苟合，勒达产下了两个蛋，并孵出了四个孩子，其中的两个是卡斯托耳与波吕丢刻斯。这两个婴儿是"同卵双胞胎"，他们一同长大并且变得形影不离。但是他们有着不同的天赋：卡斯托耳成了一个无可匹敌的骑手，而波吕丢刻斯则是一位令人畏惧的拳击手。在他们的其他冒险经历中，他们还带着"阿尔戈"号英雄航海，而且让威胁他们的船下沉的海平静了下来。结果海神波塞冬让他们成了航海者的保护神。

壮丽的双星

北河二与北河三都是一等星。北河三是这两颗星中更亮的，并且有一种更浓重的金色。不过北河二则更有趣，因为它是多星。小型天文望远镜能显示出两颗或者三颗伴星，而更大的观测仪器能显示出每一颗又是一个双星，即双星系统，这使得北河二成为一个六星系统。双生子把他们的脚伸进银河，银河中有大量的恒星云和星团。

占星家是怎么说的

双子座是黄道带的星座之一，位于金牛座和巨蟹座之间。目前，太阳在 6 月 21 日和 7 月 20 日之间穿过双子座。而在占星术中，双子座是黄道十二宫的第三宫，包括的时间段是 5 月 21 日 ~6 月 21 日。这段时间出生的人据说是充满生气、善于交际，非常懂得表现自己。不过，他们可能会喜怒无常。他们适合从事记者和营销主管的工作。

在双子座的星星中，英国天文学家弗雷德里克·威廉·赫歇尔在 1781 年发现了天王星，他一开始还以为是彗星。后来，克莱德·汤博（Clyde Tombaugh，1906—1997，美国天文学家）在 1930 年发现了冥王星。

双子座是在黄道带里的最明亮的星座之一，其中的北河二与北河三最显眼。

北河二

北河三

M35

井宿三

武仙座

伟大的英雄

北天星座武仙座,在视觉上也许不像它本应该给人的印象那么深刻,但它代表的是全部希腊英雄中最著名的和不屈不挠的英雄。我们非常熟悉这位英雄的拉丁语名字赫尔克里士(Heracles,而希腊人称他为赫拉克勒斯,大力英雄)。这或许因为他把他的勇猛归功于宙斯的妻子赫拉(天后,主神宙斯之妻)。是她哺育了他,但是他并不是她的儿子。他是宙斯和美丽的阿尔克墨涅(底比斯王安菲特律翁之妻)所生。当赫拉得知赫尔克里士出身的真相时,她从那天起开始憎恶他。

在赫尔克里士结婚之后,赫拉使他发疯失去理智,杀了自己的妻子和孩子。赫尔克里士想要弥补他惨无人道的罪过,因此他征求德尔斐神谕(Oracle at Delphi),女祭司传达神意,要他花费12年给他的堂兄弟欧律斯透斯(迈锡尼国王,斯忒涅罗斯和尼喀珀之子,珀尔修之孙)服役。在这段时间内,欧律斯透斯把12项任务派给了他,被称为"赫尔克里士的苦差"(labours of hercules)。

在他的最著名的苦差中,赫尔克里士杀死尼米亚河谷(Nemean,希腊东南部河谷)狮子(Leo,代表天空中的狮子座,参阅第72~73页),他用的是让狮子窒息的方法,因为箭不会穿透它的皮,赫尔克里士是要用它的皮做一件斗篷。他制伏了一条九头蛇(被砍去一头会长出新头的怪物),蛇有毒,他把箭头沾上九头蛇的血,使这些箭成为致命的武器。有一天,他打扫奥吉厄斯(Augean)牛棚,牛棚里有积累了几十年的牛粪。他杀死保卫金苹果园(Hesperides)的龙,叫作拉顿。然后,在他的最后的苦差中,他下到了地狱,杀死了地狱的看门狗刻耳柏洛斯(Cerberus,冥府看门狗,有三个头)。

具有讽刺意味的是,在完成了很多其他功绩之后,赫尔克里士在一连串悲剧的事件中成为九头蛇毒的牺牲品。在无休止的痛苦折磨下,赫尔克里士在一堆用于火葬的柴堆上自杀。

超级星团

从天文学的角度来看,在武仙座里的最精彩是M13,是一个显著的球状星团。我们用双筒望远镜观看,它像一个难以名状的模糊团;用小型天文望远镜里看上去则非常壮丽,小型天文望远镜能分辨出各自单独的星。

M13

在武仙座里被称为 M13 的球状
星团由成千上万颗星组成。这是
在北方天空中最好看的星团，并
且肉眼可见。

在天空中，赫尔克里士（武仙座）挥舞着一
个大头棒。他的姿势与另一个著名的希腊语
所表达的俄里翁（猎户座）的姿势相似。

长蛇座
水蛇

在全部 88 个星座当中，长蛇座是最大的。它蜿蜒曲折，像蛇一样，延伸长度超过四分之一的天球圆周长。它的走向大致上与天赤道平行，位于巨蟹座、狮子座和处女座这 3 个黄道带星座的南面。

在神话中，长蛇座代表的是九头蛇，出身于名为堤福俄斯的怪物，它中间的头是长生不死的。它栖息于伯罗奔尼撒半岛的勒尔那（Lerna，在希腊伯罗奔尼撒半岛东海岸一个有泉水的地方）附近的沼泽，蹂躏并威吓这个地区。它有致命的有毒气息，因此，那些接触到这个气息的人，会极度痛苦地死去。

英雄赫尔克里士被指派杀死九头蛇，这项任务是作为给他的 12 项苦差事中的第二项。赫尔克里士由他的战车马车夫阿尤劳斯（Iolaus）陪伴，到达了勒尔那，并且在"清白女儿"（Amymone）泉发现了怪物。他采取把燃烧着火的箭射入沼泽的方法，逼迫九头蛇到空旷的地方。他扑向它，用他的棍子砸进蛇头。但是每当他砸掉一个头时，两个新头在砸掉的位置上又长了回来。

接着，阿尤劳斯放火焚烧周围的森林，并用燃烧的木头，烧掉九头蛇每一个被砸断下来的残头，一直到只剩下长生不死的头。赫尔克里士把这个头切断并且埋在了一块岩石下。然后，他把他的箭沾上九头蛇的血，使它们变成了致命的箭。

在星图上，长蛇座被描绘成在它的尾巴上带着两个其他星座。他们是乌鸦座（Corvus，乌鸦）和巨爵座（Crater，杯子），这在另一个故事里很重要。阿波罗派乌鸦用杯子从一个泉眼里取水。在路上，乌鸦暗中发现了一棵无花果树，因此等待了数日。等到无花果成熟后，它自己狼吞虎咽了一顿。乌鸦知道这样的一次延误将会招致阿波罗的愤怒，于是它把水蛇抓住，抓在它的爪里，并且带着蛇，飞回到阿波罗那里，解释说，蛇阻止它把杯子装满水。

一颗孤独的星

虽然这个星座很大，但对于偶尔的

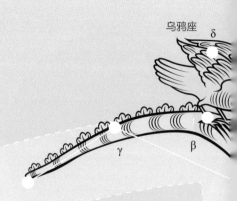

乌鸦座

δ

γ

β

观测者来说，长蛇座没有什么可奉献的。唯一有名的星是一颗二等星，被称作长蛇座α星（Alphard，星宿一），意思是孤独的星。这对这颗星是一个很贴切的描述，因为它位于天空中一个荒凉的区域。找到它最好的方法是，参照狮子座里明亮的轩辕十四（Regulus，狮子座的一等亮星）和小犬座里的南河三（小犬座α星），它和这两颗星形成一个三角形。

在长蛇座尾巴的末端，有一组星星构成了乌鸦座的四边形，用双筒望远镜观测，很好看。找到这组星星最好的方法是，参照附近的室女座里闪烁的角宿一（Spica，室女座α星）。

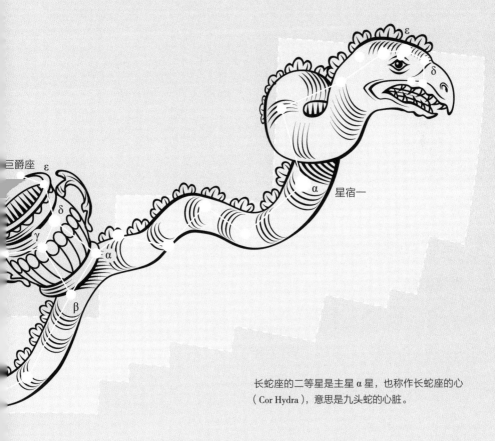

巨爵座

ε

δ

γ

α

β

ε

δ

α 星宿一

长蛇座的二等星是主星α星，也称作长蛇座的心（Cor Hydra），意思是九头蛇的心脏。

狮子座

狮子

这个星座是与所取的名字的形象相似的少数星座之一。只要稍微发挥一下想象力，你就能在它的星星的图案中，看出一只蹲伏的狮子的外形轮廓。这个狮子的星座在古埃及受到崇拜，因为在尼罗河泛滥的时候，太阳正好进入狮子座里。

在希腊神话中，狮子座是赫尔克里士（亦译"赫拉克勒斯"，大力神）与之搏斗的尼米亚河谷（希腊东南部河谷）的狮子，这场搏斗是在他的12个苦差事当中的第一个苦差事。赫尔克里士的继母及死敌赫拉（天后，主神宙斯之妻）把狮子从月亮派到尼米亚河谷。狮子住在一个洞穴里，并从洞穴里出来捕食当地居民。赫尔克里士遇到狮子的时候，他用长矛和箭攻击狮子，但是长矛和箭全都被反弹了回来。赫尔克里士只能采取肉搏战方式，他扼住狮子的颈部使这只野兽窒息死了。然后他剥了它的皮，并且把它的皮做成了一件斗篷。

狮子的心

狮子座在天空中是最容易被辨认出的星座之一。构成狮子的头和前肢的星星的曲线就像一把收割用的老式镰刀，因此被命名为"镰形星群"。在它的南端，是狮子座中最亮的星，轩辕十四（狮子座的一等亮星）。这颗星也称为狮子座的心（Cor Leonis），或者狮子的心脏。

狮子座，而且特别是镰形星群，很显然是一个最壮观的流星雨的来源。这个流星雨称作"狮子座流星"（Leonids，亦称十一月流星，出现于11月15日后），在每年11月17日左右，流星雨以每小时数百个流星的速率，会像雨点般地落在地球上。

占星家是怎么说的

狮子座是黄道带的星座之一，位于在巨蟹座和处女座之间。目前，太阳在8月10日和9月16日之间穿过狮子座。而在占星术中，狮子座是黄道十二宫的第五宫，包括的时间段是7月23日~8月22日。根据占星家所说，此时间段出生的人可能是宽宏大量的和忠心耿耿的，但是他们也可能是以自我为中心的，并且表现得性情粗暴。非常戏剧性的是，在演员和电影导演当中，经常会发现很多人都是狮子座的。

狮子座流星，是在每年 11 月，如雨点般地落下。流星雨在 1966 年雨量特别密集，而在 1999 年特别壮观。这是因为流星的来源，即彗星特木佩尔－塔特尔（每 33 年沿太阳轨道运行并造成地球上流星雨的彗星的名字）恰好掠过地球。

蹲伏的狮子座是最容易被辨认出的星座之一。

δ

β

五帝座一

ε

"镰刀"

γ

η

α

轩辕十四

天秤座

天平

天秤座是亮度较微弱的星座之一，与它的耀眼的邻居天蝎座相比非常逊色（参阅第88~89页）。但正因为是在这样的位置，它是一个很容易被找到的星座。把天秤座与天平或秤联系在一起，并把它延伸为平衡和正义，可以追溯到古老的巴比伦时期。此外，那时秋分发生在天秤座里，秋分时，白天和夜晚具有相等的时间长度。

古希腊人不认为天秤座是一个单独的星座，而是把它的星星视为天蝎座的一部分，尤其是视为蝎子爪的那部分。是罗马人开始再次把天秤座看作和天平一样，并且意识到这是昼夜平分时白天和夜晚的平衡。天秤座在处女座附近（参阅第96~97页），因此处女座有时被想象成手里拿着天平，被看作是正义的女神阿斯脱利亚（Astraea，宙斯或忒弥斯之女，司正义的女神，狄刻的别称）。

蝎子的爪

从天文学的角度来看，天秤座并没什么特别壮观的。它的两颗最亮的 α 星和 β 星只是三等星，并且与亮度更微弱的 γ 星，构成一个显著的三角形。α 星和 β 星有着讨人喜欢的阿拉伯语名字，Zubenelgenubi（意思是南方的爪）以及Zubenelchemale（北方的爪）。

占星家是怎么说的

天秤座是黄道带的星座之一，位于处女座和天蝎座之间。目前，太阳在10月31日和11月23日之间穿过天秤座。在古希腊时期，它曾经是表示秋分的星座，但是现在，秋分在处女座里。

在占星术中，天秤座是黄道十二宫的第七宫，包括的时间段是9月23日~10月22日。此时间段出生的人被认为是通情达理的，正如他们所在的宫所象征的那样。他们是文雅的性格外向者，但可能也是优柔寡断的。温柔亲切并浪漫多情的他们很少缺少伴侣。

天秤座是黄道带中唯一不代表
人或动物的星座。

天秤座的 α 星
是一颗双星，用双筒望远镜
很容易被观测到。β 星是可以被
肉眼辨认出来的为数不多的
绿色星之一。

北方的爪

β

ε

γ

ζ

α

南方的爪

天琴座
七弦竖琴

这个小星座，夹在天鹅座和武仙座之间，曾经被想象为一只猛禽。的确，它耀眼的织女星（织女一）的名字"维加"，在阿拉伯语中的意思就是突然猛扑下来的鹰。但是在神话中，天琴座代表的是七弦竖琴（lyre，里拉，古希腊的一种竖琴，用来为唱歌或朗诵伴奏）。神的信使赫尔墨斯（众神使者，即罗马神话中的墨丘利）制成了第一把七弦竖琴，据说是用一只乌龟的壳，再用牛肠线拉紧做琴弦。

赫尔墨斯把七弦琴送给了阿波罗。阿波罗的儿子奥菲厄斯学会了演奏七弦琴，他演奏得如此优美，以至于野兽们开始前来倾听，甚至连树木也跟随着他。奥菲厄斯随着"阿尔戈"号的英雄水手们航行，去寻求金羊毛（埃厄忒斯国王保存在科尔喀斯的纯金羊毛；由伊阿宋率阿尔戈英雄们历尽艰难盗出）。他用美妙的歌声作为催眠曲，使守护金羊毛的龙安静入睡，并且在后来他唱得比塞壬（Sirens，半人半鸟的女海妖）都要好听，塞壬的美妙声音曾经引诱"阿尔戈"号的英雄水手们险些掉到海里被淹死。

但是，奥菲厄斯最著名的故事，是与他对美丽的仙女欧律狄克（Eurydice）的爱情有关，他娶了她。有一天，当她躲避阿波罗的另一个儿子阿里斯泰俄斯（Aristaeus，阿波罗与库瑞涅之子，尤喜养蜂，被尊为农神）的挑逗时，她被一条毒蛇咬了，并且死去了。奥菲厄斯感到如果他没有欧律狄克，就活不下去了，因此下到地狱，要把她带回到人间。

他恳求地狱之神哈得斯（Hades）放她走，并且哈得斯被奥菲厄斯优美的音乐说服，最终同意了。但是有一个条件：奥菲厄斯必须一直等到他们返回到地面时，才能看他深爱的欧律狄克。当他们几乎就要到达冥府的门时，奥菲厄斯环顾一下看看是否欧律狄克仍然还跟着他，她突然后退返回冥府，永远消失了。

竖琴星

在天琴座里的主星织女星，经常被称作竖琴星（Harp Star）。竖琴星是一等星，它在天空中是第五颗最亮的星。在夏季的时候，当竖琴星形成显而易见的夏季三角形（Summer Triangle）的一角时，它在北天半球中闪闪发光。其他的两颗星是天津四（天鹅座 α 星）和牵牛星（俗称牵牛星或牛郎星，河鼓二，天鹰座 α 星）。天琴座的其他宝石一样的星星，是在 β 星和 γ 星之间的一片气体状的斑块，称为环状星云（Ring Nebula，M57），如果使用一个大型天文望远镜观看，可以看到它非常优美。

由于地球轴的
微小摇摆旋进，即所谓的岁差，
天琴座里的织女星将在大约
2.2 万年后成为极星。

阿拉伯天文学家把天琴座看作一
只猛禽。织女星的名字"维加"
源自阿拉伯语，意思是突然猛扑
下来的鹰。

猎户座

强健的猎人

猎户座位于天赤道上，这使得在北半球和南半球上的观测者们都能看到它。我们只要略加想象，就能把它的亮星图案转变成一个强健的猎人的形象。猎人举着他的右臂，正准备用一个大头棒击打一下，而他的左臂持着一块盾牌。

他的腰带上悬挂着一把剑，这把剑由三颗明亮的星组成的一条对角线标明。在神话中，象征着猎户座的俄里翁（追逐普勒阿得斯的巨人）是海神波塞冬与克里特国王迈诺斯（Minos，希腊神话中克里特岛的王，死后做阴间的法官）的女儿欧律阿勒（Euryale，三个蛇发女妖之一）生的儿子。波塞冬给予了俄里翁在水上行走的能力。俄里翁去打猎，两条狗紧跟着他，这两条狗代表着天空中的大犬座和小犬座。

俄里翁有着巨大的身材并且拥有大得惊人的力量，他也非常英俊。因此，我们不会感到意外，关于他的大多数故事，都涉及他对美丽的女人的爱。有一天，他正追逐 7 个美丽的姐妹（阿特拉斯和普勒俄昂的七个女儿，后来化为天上的七姐妹星团），正当他要抓住她们的时候，宙斯介入阻挠，把她们变成了鸽子，并且后来又把她们放到天上的繁星之中。故事的情节在天空中又继续上演，俄里翁仍然在天空中追逐她们。

猎户座的财富

这个星座中的两个一等星，即参宿四（猎户座 α 星）和参宿七（猎户座 β 星）都是超巨星（supergiants），两颗星遥相辉映。参宿四是显著的红色超巨星，而参宿七是闪烁着青白色光的超巨星。在猎户座里的另一个乐趣是，在三颗星（参宿三、参宿二、参宿一）标明出来的"猎户的腰带"（Orion's Belt）的下面，用肉眼可见到一个明亮的斑点。用小望远镜可看出这个斑点实际上是一个明亮的星云，是一大团发光的气体和尘埃云。需要望远镜才能显现出它真正的宏伟壮丽和颜色的千变万化。这个星云被恰如其分地命名为猎户座中的"大星云"（Great Nebula）。天文学家把它称为 M42（在《梅西叶星云星团表》中序号为 42）。

猎户星云（Orion Nebula）是一个巨大的恒星形成区，哈勃空间望远镜（Hubble Space Telescope）对它进行了广泛的探索。实际上，几乎整个猎户座都被嵌入在气体和尘埃之中。在"猎户的腰带"的下端的恒星附近，是另一个著名的星云，即马头星云（horsehead nebula），它是一个显现出令人难以置信的类似马头的隐秘的星云。

通过一个望远镜，猎户星云看上去
非常壮观。

猎户座的参宿四是超巨星，
作为已知的最大的恒星之一，
直径大约为 2.5 亿英里（约 4 亿千
米），比太阳还要大 250 倍多。

α

参宿四

γ

ε

δ

ζ

M42

β

参宿七

飞马座
双翼飞马

双翼飞马在古代是一个最受喜爱的创意。它在古亚述文明的艺术中具有显著的特色。

它出现在同时代的古埃及的钱币上，后来又出现在古希腊的钱币上。在古希腊神话中，飞马被称为珀加索斯（生有双翼的神马，其足蹄踩过的地方有泉水涌出，传说诗人饮之可获灵感），被宙斯（主神，相当于罗马神话中的朱庇特）本人置于天空中的星座中。

宙斯的儿子珀尔修（亦译珀耳修斯，英仙座）导致了珀加索斯的出生。当这位著名的英雄把蛇发女怪美杜莎的头砍下来的时候（参阅第82~83页），珀加索斯便从她即将死亡的身体喷出来的血中诞生了。这个传奇的动物飞马展开它的双翼骤然腾飞升空，加入在赫利孔山（Mount Helicon，司文艺众女神缪斯居住之地）上的九位缪斯（Muses，九位文艺和科学女神，给予诗人灵感）。

女神雅典娜（亦译阿西妮，智慧与技艺的女神）偶然遇到珀加索斯并且用一条金色的缰绳制服了它。她后来把缰绳送给英雄柏勒洛丰（Bellerophon，科林斯英雄），因此当他去跟喀迈拉（Chimera，狮头、羊身、蛇尾的喷火妖怪）作战时，他能骑着飞马珀加索斯。

喀迈拉是一个凶猛、喷火的怪物，长有狮子的头、山羊蓬乱的身子以及龙的尾巴。

柏勒洛丰杀死了喀迈拉，接着又征服了其他魔鬼，他为他的成就感到自豪，骑着飞马珀加索斯飞入天空，想要加入在奥林匹亚山（诸神的住所、天堂、天国）上的众神中。飞马珀加索斯甩掉了他，他掉回到地球，但是飞马珀加索斯继续加入众神之中，并且通过持有雷电，服务于宙斯本人。

大四边形

飞马座，是在北半球的秋季天空中的一个显著特征。按照它的四颗星所构成的近乎完美的四边形，能很容易认出这个星座，这四颗星构成了著名的"飞马座大四边形"。这个大四边形相对于其他的无星的部分天空来说，显得格外清晰显著。在这个四边形中，全部四颗星都一样明亮，亮度大约都是二等星。但是，这四颗星中只有三颗属于飞马座：β星、α星和ε星，另一颗星是联结的仙女座的主星。用小型天文望远镜观测ε星，证实它是一颗双星，有一颗亮度微弱的伴星。飞马座ε星的阿拉伯语名称为艾尼夫（Enif，中文为危宿三）。

对比一下
大四边形的 β 星、
α 星和 ε 星的颜色是很有趣的。
他们明显是不同的，分别是红色、
白色和黄色。

飞马座大四边形对于找到亮度
较微弱的星座来说，例如水瓶
座和双鱼座，起到了很明显的
标示方向的作用。

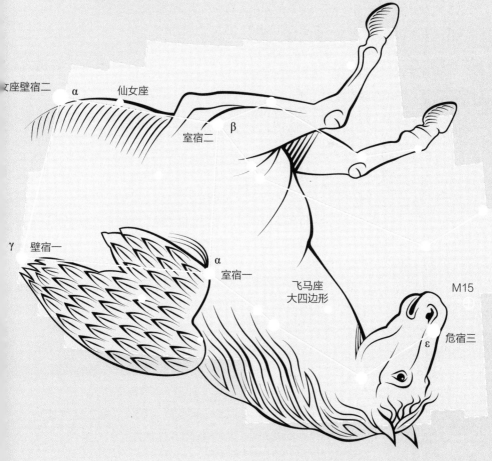

仙女座壁宿二　α　仙女座

室宿二　β

γ　壁宿一

α
室宿一

飞马座
大四边形

M15

ε

危宿三

英仙座

杀死怪物的英雄

英仙座代表的珀尔修，是传奇的古希腊英雄之一，就像赫尔克里士一样（参阅第 68~69 页），在许多冒险经历中担任重要角色。他在天空中永生，紧挨着他深爱的安德洛墨达（埃塞俄比亚公主），即仙女座。

珀尔修在还是胎儿的时候，就过着充满坎坷的生活。他的母亲达那厄（Danae，阿尔戈斯国王之女）在一间地牢里被她的父亲监禁，在天花板上只有一扇带栅栏的窗子透亮。主神宙斯想要得到她，他化作雨点般的金子，以下雨的方式穿过窗子找到了她。她怀孕后生下了一个男孩，就是珀尔修。她的父亲为此不知所措而狂怒，把她们锁进一个箱子里，并且扔进了海里。故事长话短说，一个渔夫救了她们。

后来，珀尔修被哄骗去获取美杜莎（古希腊神话中三位蛇发女怪之一）的头。美杜莎是十分丑陋的蛇发女怪之一，是长毛的蛇，而且她眼睛的注视会把被盯上的人变成石头。但是众神支持珀尔修，给了他一块闪亮的盾牌、一顶让他不会被看到的头盔、一把剑以及带翼的凉鞋，使得他能够飞。有了这些装备，他飞往蛇发女怪们住的地方。他能发现美杜莎的唯一方式是从他盾牌中的反射看到她。接着，他切掉她的头，带着头飞走了。在他回家的路上，他偶然发现拴在岩石上的安德洛墨达（参阅第 32~33 页），杀死了正要吞噬她的海怪鲸鱼（鲸鱼座）。后来，他与安德洛墨达结婚，她为他生了 6 个孩子。

眨眼的妖魔

在天空中，英仙座被描绘成珀尔修拿着美杜莎的头。这个星座位于银河以内，因此用双筒望远镜扫视它，是一件给人极大快乐的事。英仙座中最亮的 α 星，它的阿拉伯语名字被称作米勒法克（Mirphak）。

英仙座的第二颗最亮的星是 β 星，位于美杜莎的头部。它的阿拉伯语名字是阿拉戈尔（恶魔星，中文名为"大陵五"），意思是魔鬼的头，一直以来被称为恶魔星（Demon Star）。在大多数时间内，恶魔星是二等星的亮度。但是大约每隔三天，它的亮度会显著变弱。这是一种变星，称为"食双星"。双星是一个看起来像一颗星的天体，但是实际上是两颗星，相互绕着轨道运行。在恶魔星的情况下，有一颗星是大的暗星，另一颗星是小的亮星。大约每隔三天，当我们从地球上观测这对星的时候，大的暗星遮住了小的亮星，因此我们看见整个星的亮度下降。当暗星移动过去后，以前的亮度又恢复了。

在英仙座中的米勒法克星和仙后座的独特的 W 形之间，存在着一对极为壮观的星团，称为 "双星团"（Double Cluster，也叫剑柄，Sword Handle）。它们恰好能用肉眼观测到，如果用双筒望远镜观测时，则更为壮丽。

用强有力的一击，珀尔修（英仙座）砍下了蛇发女怪美杜莎的头。

M76

天船三（米勒法克）

γ

α

δ

大陵五

β

双鱼座

鱼

令人惊讶的是，这个亮度微弱、延伸展开的星座是最古老的星座之一，并且总是和鱼联系在一起。就像在天空中描绘出来的那样，两条鱼正朝相反的方向游着，并且被一条绳子连着它们的尾巴。在神话中，这两条鱼代表的是阿弗洛狄忒（Aphrodite，主神宙斯之女，爱与美的女神，相当于罗马神话中的维纳斯）以及她的儿子厄洛斯（Eros，爱神，阿佛洛狄忒之子，相当于罗马神话的丘比特，爱神星）。有一天，他们不得不藏进幼发拉底河（Euphrates River）河岸的急流之中，躲避可怕的龙头怪物堤福俄斯（Typhon，亦作Typhaon、Typhoeus、Typhus，百头巨怪，被宙斯杀死）。当怪物几乎就要抓住他们的时候，两条鱼游到水上面，并把她们带到了安全的地方，变成了在天空中永生的双鱼座。

多水的且亮度微弱

双鱼座位于天空中一个不太显著的区域，还有其他亮度微弱的"多水的"星座，例如鲸鱼座和水瓶座，也占据在这个区域里。双鱼座最亮的星的亮度也只不过是刚刚超过四等星的亮度。要找到双鱼座的唯一确切的路径，是通过参照著名的"飞马座四边形"（Square of Pegasus）。两条鱼中的一条位于正对着四边形的南部，有一小圈星星勾画出了这条鱼的轮廓，叫作"双鱼座小圈"（Circlet of Pisces）。在这个小圈里，有一颗TX星，它的颜色在双筒望远镜中显示出的是一种引人注目的砖红色。

占星家是怎么说的

双鱼座是黄道带的星座之一，位于宝瓶座和白羊座之间。目前，太阳在3月12日和4月18日之间穿过双鱼座。太阳穿过天空的轨迹（黄道）与天赤道之间的交点发生在大约3月20日。这个交点被称为在白羊座里第一点，因为在古希腊时期，太阳是在这一天穿过赤道。但是，由于岁差（precession），地轴轻微地摇摆旋进，太阳现在是从双鱼座时段穿过赤道。

在占星术中，双鱼座是黄道十二宫的第12宫，仍然包含的时间段是2月19日~3月20日。占星家说，此时间段出生的人，其情绪复杂，高深莫测，像谜一般。他们是敏感的，常常富有艺术天赋和创造性。他们容易坠入爱河，又容易中断恋情。

位于 η 星的附近，M74 是一个旋涡星系，星系盘的面朝上，有完全展开的旋臂。

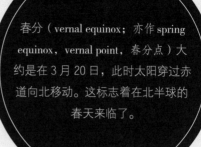

春分（vernal equinox；亦作 spring equinox，vernal point，春分点）大约是在 3 月 20 日，此时太阳穿过赤道向北移动。这标志着在北半球的春天来临了。

"飞马座四边形"

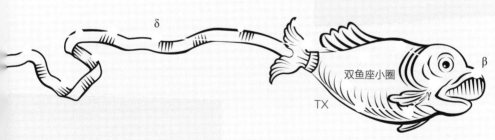

4　η

δ

双鱼座小圈

TX

β

γ

人马座
射手

在天空中，我们把人马座（又称射手座）看作是一个具有人首马身的怪物，一半是人，另一半是马。他是技艺高超的射手，目光敏锐，精确致命。人马座可以追溯到巴比伦的时代，那时候，这个半人半马的动物备受喜爱。希腊史学家认为，射手座是一半人半羊的双足半羊兽，就像色情狂萨梯（satyr，森林之神，具有部分人身和部分羊身，好女色）一样。人马座被认为代表的是弓箭的发明者克劳特斯（Crotus）。吹奏笛子的神潘（人身羊足、头上有角的山林、畜牧神，相当于古罗马神话中的浮努斯）如同父亲般地养育了他。

在银河中心

人马座的方向位于银河系的中心，因此，当观测人马座的时候，你要尽可能地凝视银河中最稠密的部分，有可能找到它。也许是因为它所处的这个位置，人马座不是一个能容易被认出来的星座，所以最好是首先找到邻近的天蝎座。人马座中六颗亮星勾勒出射手的弓和箭的轮廓，非常明显。γ星在箭的头，以威胁性的方式指向"心大星"（Antares，心宿二，大火，天蝎座白星，亦作 Alpha Scorpii），而心大星标志着蝎子的心脏，它的颜色是橙红色的。

"干泻星云"（Lagoon nebula），也称为 M8 星云，位于弓的上半部分附近，刚好肉眼可见，但是最好还是用双筒望远镜或一个小望远镜去观测它。它与 μ 星和 λ 星一起构成了一个大致的三角形。"三裂星云"（Trifid，M20）位于稍微更远一点的北方，在双筒望远镜里呈现出的是一个模糊的斑点。但是你需要一个望远镜才能看到它的三条暗淡的尘埃小道。

占星家是怎么说的

人马座是黄道带的星座之一，位于天蝎座和摩羯座之间。目前，太阳在 12 月 18 日 ~ 1 月 19 日穿过人马座。在占星术中，人马座是黄道十二宫的第九宫，包括的时间段是 11 月 22 日 ~ 12 月 21 日。人马座出生的人被认为健谈友善，乐于助人，生动活泼，甚至活跃过度。他们总是喜欢冒险，敢作敢为，有着急躁的气质，冲动地坠入情网，鲁莽地结束恋情。

阿拉伯天文学家把 α 星命名为
卢克巴特（Rukbat），意思是
射手的膝盖。

人马座是最壮观的星座之一，它
位于银河中色彩最艳丽的区域，被
星云和星团所淹没。在人马座所有的
星云中，最著名的有两个："干泻星
云" 和 "三裂星云"。

μ

M20

M8

λ

银河中心

δ

γ

ε

α

天渊三

β

天蝎座

蝎子

天蝎座是星座图案确实很像所代表形象的少数几个星座之一。仅需要发挥一点点想象力，就能把它的亮星连接成一只致命蝎子的形象，而且它弯曲的尾巴摆好了准备要蜇人的姿势。

天蝎座是最老的星座之一，7000 年以前在幼发拉底河流域就被古巴比伦人辨认出来，并且与他们的战神联系在一起。在古希腊，它曾是比我们现在所看见的大得多的一个星座，包括了蝎子的钳爪，这个钳爪是构成现在天秤座的一部分。在希腊神话中，蝎子是杀死著名的猎人俄里翁（追逐普勒阿得斯的巨人，代表猎户座）的动物。

俄里翁是最强大的猎人。但他很不明智地对狩猎女神阿耳忒弥斯（月神和狩猎女神，阿波罗的孪生姐妹，相当于罗马神话中的狄安娜）自夸，他能追捕和杀死任何动物。为此，地神盖亚狂怒，气得发抖，大地啪的一声裂开了。一只蝎子从裂缝中爬出，蜇死了俄里翁。出于同情，众神将俄里翁和蝎子置于天空中截然相反的两侧，所以，猎户座在西方落下时，天蝎座在东方升起。

火星的媲美者

天蝎座中最亮的星是"心大星"（心宿二，大火，天蝎座白星）。它是一颗极大的超巨星，呈显著的橙红色。它的名字的意思是"火星的媲美者"，因为它的颜色类似于"红色行星"（Red Planet），即火星的颜色。在心大星附近有一个壮丽的球状星团 M4，肉眼可见，而且用双筒望远镜更容易看到，但是，必须借助一个天文望远镜才能看清楚星团中单独的星。

占星家是怎么说的

天蝎座是黄道带的星座之一，位于天秤座和人马座之间。目前，太阳只短暂地穿过天蝎座，是在 11 月 23 日至 29 日之间。

占星家总是把黄道十二宫的第八宫称作天蝎座。他们说，天蝎座包括的时间段是 10 月 23 日~11 月 21 日。占星家告诉我们，此时间段出生的人倾向于在他们所做一切事情上情绪冲动，感情强烈。他们可能会为人随和，但是如果他们被逼太甚，会变得恼怒暴躁（别忘记在尾巴里的有毒的刺！）。他们具有典型的体贴多情和磁性魅力的人格，足以成为绝佳的情人。

在蝎子的尾巴末端向下，
在ζ星周围的区域充满了令人感
兴趣的星星。ζ本身是一颗色彩艳丽
的双星，并且正好在它的北边，有一个
耀眼的"疏散星团"（open star cluster）
NGC6231，充满了处于早期的热恒星。
λ星，或称尾宿八（Shaula），标
示出了蝎子的刺。

天蝎座是北半球的天文学家仅
能瞥见一眼的遥远南方的耀眼
星座之一。

β

δ

心宿二

α

M4

ε

λ

尾宿八

6231

ζ

金牛座
公牛

在天空中，金牛座所描绘的是一头公牛的前半身部分，瞪着凶恶的红眼睛，正埋下头把它的牛角降低，准备冲刺攻击。在神话中，金牛座代表的是化装成公牛的宙斯，追逐纯洁美丽的少女欧罗巴（Europa）。欧罗巴是腓尼基（Phoenicia，叙利亚古国，濒地中海）的国王阿革诺耳（Agenor）的女儿。

有一天，欧罗巴和她的女伴们正在海岸边玩，她发现在她父亲放牧的牛群中，有一头美丽的白色公牛安静地吃草。她当然不知道，它实际上是宙斯。她抚摸着它并且骑到它的背上。然而，美丽的公牛跳进了海里，并且开始游了起来，这时欧罗巴在他的背上开始害怕了，公牛一直游到了克里特（Crete，克里特岛，地中海东部的希腊岛屿），在那里，宙斯露出了他的真实自我，并且向她求爱。在他们结合所生下的三个孩子中，有一个叫作迈诺斯（希腊神话中克里特岛的王，死后做阴间的法官），他在诺萨斯（Knossos，一译克诺索斯，克里特古城，今坎迪亚附近，古代米诺斯文化中心）的宫殿创立起了对公牛的崇拜。也是在那里，他养育了丑陋怪异的子女弥诺陶洛斯（Minotaur，牛头人身怪物），弥诺陶洛斯一半是人，另一半是公牛，居住于迷宫（Labyrinth，代达罗斯为克里特王迈诺斯修建的迷宫）中，靠食人肉生活。

红眼睛

金牛座是一个壮观的星座，在大空中与猎户座接近。三颗构成"猎户的腰带"（Orion's Belt）的星起到了给超巨星毕宿五（金牛座 α 星）做指极星的作用，而公牛凶恶的橙红色的眼睛就是毕宿五。毕宿五位于由亮度更微弱的星所构成的 V 形星团中，这个 V 形星团被称为毕星团（Hyades，亦作 Hyads，许阿得斯，阿特拉斯的七个女儿，宙斯接她们到天上作为毕星团，或称金牛座的毕宿星团），然而它的位置实际上离我们更近。

占星家是怎么说的

金牛座是黄道带的星座之一，位于白羊座和双子座之间。目前，太阳是在 5 月 14 日～6 月 21 日穿过金牛座。

在占星术中，金牛座是黄道十二宫的第二宫，包括的时间段是 4 月 20 日～5 月 20 日。此时间段出生的人被认为具有懒散的性格，沉稳可靠，注重实际。他们重视财富和地位。虽然不太浪漫且不慌不忙地建立起情侣关系，但他们是令人喜爱和宽容大度的。

延续

通过"猎户的腰带"和毕宿五
的一条连线，我们可看到昴宿星团
（阿特拉斯和普勒俄昂的七个女儿，后来
七个女儿化为天上的七姐妹星团），昴宿
星团是在整个天空中最好看的"疏散星
团"（open cluster），但是，即使视力敏
锐的人，也辨认不出它七颗最
亮的星。

在毕宿五（金牛座 α 星）附近的
V 形星团所形成的是一个"疏散
星团"，称为毕星团。

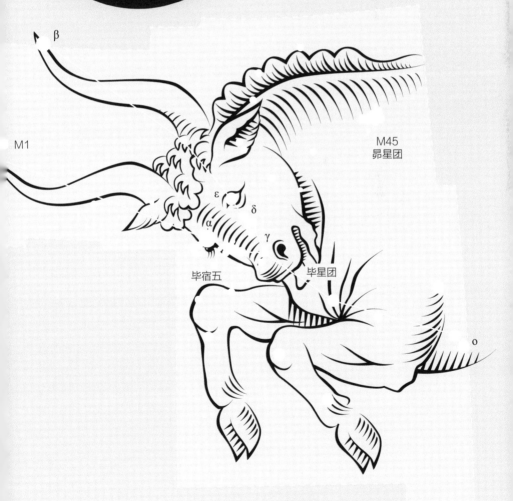

β

M1

M45
昴星团

ε

δ

α

γ

毕宿五

毕星团

ο

大熊座

大熊

大熊座是一个延伸开来的星座，占据着北方天空中一大片区域：它被列为星座中的第三大星座。它也是著名的星座，这并不是因为它有熊的形状，而是因为它的七颗最亮的星所构成的图案，就像一把老式的犁的把手和犁头（犁破开土地的那部分）一样，也像浸在牛奶桶或水桶里的一个长柄勺（斗）的形状。

这个星群（star group）被称作"大长柄勺"（Big Dipper，大北斗七星，大熊座的北斗七星），"大"是因为在附近有一个更小的长柄勺（Little Dipper，小北斗七星，小熊座的北斗七星）。对北美洲和欧洲的大部分地区来说，这个大长柄勺在夜空中总是可以见到的，因为它位于北天极不远，是拱极区的星座之一。

对古希腊人来说，大熊座代表的是宙斯的许多宠爱的女人之一，即仙女卡利斯托（美貌无比的一个仙女，被神后赫拉变作母熊，是天文学中的木卫四）。卡利斯托是阿卡狄亚（Arcadia，古希腊一处世外桃源）国王吕卡翁（Lycaon，阿耳卡狄亚国王，因敢于考查宙斯的神性而被变成狼）的女儿，并成为处女神阿耳忒弥斯（月神和狩猎女神，阿波罗的孪生姐妹，相当于罗马神话中的狄安娜）的一个同伴，承诺要过保持贞洁的生活。对她来说不幸的是，有一天，宙斯偶尔遇到了她，被她惊人的美貌迷惑得神魂颠倒。当她正睡觉的时候，他把自己变成阿耳忒弥斯接近她。当卡利斯托和假的阿耳忒弥斯相互拥抱时，宙斯把他自己变回到他平常的样子，并且迅速诱奸了她。

卡利斯托怀孕了，因此被阿耳忒弥斯赶走。她生了一个儿子，就是阿卡斯（阿卡狄亚国王）。故事从这里接着讲下去，是关于卡利斯托怎样开始被变成一头熊的，有几个不同的版本。有一个版本说，是宙斯的妻子赫拉干的，赫拉因她的丈夫追逐女人而被激怒了。过后，当阿卡斯在外打猎时，偶然发现像熊一样的卡利斯托，想要杀死她。但是，宙斯来到并且营救了她，宙斯发出一阵旋风把她们扫进天空，使她们成了大熊座和牧夫座（有传说是小熊座）。

指极星

在大长柄勺中所有的星都有名字。在犁头内的"天璇"（Merak，北斗二）和"天枢"（Dubhe，北斗一）被称为指极星，因为通过它们画一条线，会指向极星（Pole Star），即北极星。这个现象在几个世纪中帮助了航海家，因为这是一种找到北方的方法。

在大长柄勺中的星，"开阳"（Mizar，北斗六）是最有趣的。用肉眼观测，它是一颗双星，它有一颗亮度更弱的伴星，即"辅"（Alchor，g星，为四等伴星）。用天文望远镜观测，"开阳"本身也呈现出是一颗双星。通过检测组成它的每个星的光谱，结果证明每个星也都是双星。

因此我们可以认为"开阳"是一颗双星，而且是双星的双星。

大长柄勺中的所有星，除"摇光"（Alkaid，北斗七）和"天枢"（Dubhe，北斗一）之外，在天空中一起移动，形成了一个移动的星团。α星（"天枢"，北斗一）和β星（"天璇"，北斗二）起到了北极星（极星）的指极星的作用。

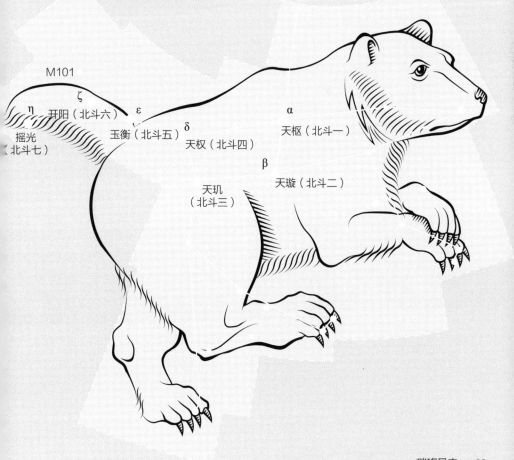

M101

ζ

η 开阳（北斗六） ε

摇光
（北斗七）

玉衡（北斗五） δ

天权（北斗四）

α

天枢（北斗一）

β

天璇（北斗二）

天玑
（北斗三）

小熊座

小熊

小熊座不如大熊座那么显眼。它的主要的星所构成的图案很像"大长柄勺"（大熊座的北斗七星）的形状，所以经常被叫作"小长柄勺"（小熊座的北斗七星）。小熊座尾巴的端部是以这个星座中最亮的北极星（Polaris）为特征，也被称为极星或北方的星（North Star，对北极星的另一种称呼），因为它靠近天空中的北天极，在夜晚，所有的星星看起来都在围绕着北天极旋转。

据说，在公元前6世纪，米利都（Miletus，古代爱奥尼亚的城市，位于安纳托利亚西海岸）的古希腊哲学家泰勒斯（Thales，约公元前640—约前546）就提出了把小熊座作为一个星座，作为对航海的一个辅助手段。

在神话中，小熊座和大熊座与在克里特岛（地中海东部的希腊岛屿）上宙斯诞生的故事有关（其他围绕着大熊座的神话，参阅第92~93页）。

宙斯的母亲瑞亚（多产女神，天文学中的土卫五）为了躲避宙斯的父亲克罗诺斯（泰坦巨人之一），逃到克里特岛上的一个洞里。因为害怕孩子们可能有一天会推翻自己，克罗诺斯已经吃掉了除了宙斯以外的其他所有的孩子，在克里特岛上，宙斯得到了仙女阿德拉斯提亚（Adrasteia，1979年发现的木卫十五）和爱达（Ida）的精心养护。但她们把婴儿当作一个美丽的金球来玩耍，在空中嗖嗖地飞过，就像一颗流星一样。克里特岛的武士们守卫着洞的入口，他们用剑和盾相互撞击，发出的声响淹没了婴儿的啼哭声，使克罗诺斯不能听到婴儿的哭声。当宙斯长大成人而且夺去了他父亲的王位后，他把阿德拉斯提亚放置到天空中作为大熊座，把爱达放置到天空中作为小熊座。神话传说还有其他版本（参阅第40~41页）

在尾巴的端部

在小熊座尾巴端部的就是北极星，是一颗极星。目前，北极星在北天极纬度的范围内，渐渐移动，离北天极越来越近，并且将在2095年时离得最近。北极星并不总是极星。因为地球自转轴的轻微旋进，北天极在天空中描绘出的是一个圈，大约每2.6万年绕了一圈后回到原处。在大约公元前1万年，天琴座中的织女星（织女一）是极星。在大约公元前3000年，极星是天龙座（德拉古，公元前7世纪晚期雅典政治家、立法者，以制订法律严酷著称）里的主星紫微右垣（天龙座 α 星）。

北极星是极星，它是一颗二等星，找到它的最好的方法是用大长柄勺中的两颗星作为指极星。北极星也是一颗双星，其中一个组成的星是造父变星（Cepheid，亦作 cepheid variable），是一颗亮度极有规律性和准确性的变星。

几个世纪以来，位于北天极附近的北极星，证明了是对航海家的一个恩惠。

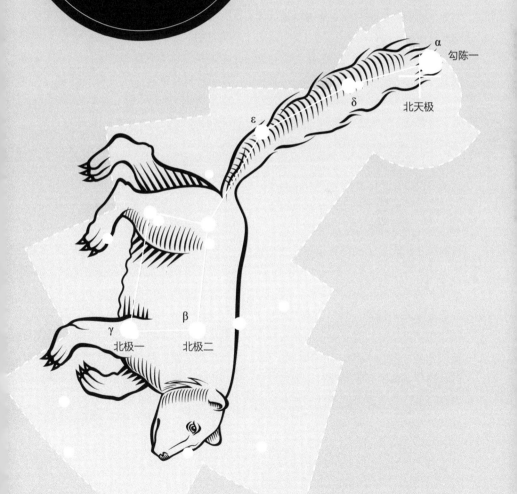

α
勾陈一

δ

ε

北天极

β

γ

北极一   北极二

室女座

室女

在天空中，室女座被描绘成长着翅膀，手里拿着一个麦穗的女神。在古代，人们把她与伟大的收获女神联系在一起，因为太阳大约是在收获的时候穿过这个星座。在古巴伦，她是伊师塔（Ishtar，亦作 Mylitta，巴比伦和亚述神话中司爱情和战争的女神）。

在古希腊，室女座代表的是得墨忒耳（Demeter，主管农业和丰产的女神、婚姻、女性和家庭、社会秩序的庇护者，罗马神话中称刻瑞斯），是掌管农业和丰产的女神。通过与宙斯的结合，她生了一个女儿，叫作珀耳塞福涅（Persephone，亦作 Proserpina，Proserpine，相当于罗马神话中的普洛塞耳皮耶）。哈得斯是地狱之神，也是宙斯的兄弟，拐走了珀耳塞福涅，并把她带到他掌管的地狱，让她成了他的妻子。得墨忒耳全然不顾她本应该培育的庄稼，到处去寻找珀耳塞福涅。后来，她终于知道发生了什么，因此由宙斯来说服哈得斯归还珀耳塞福涅，让她回到人间。但是珀耳塞福涅必须每年有部分时间返回到地狱。当她返回到地狱的时候，冬天就会来临，庄稼都会死去。而当她在春天返回到地上时，大地又再次变得充满生机。

巨大的星团

用肉眼观测室女座会令人失望，只有它的主星"角宿一"（室女座 α 星）是明亮的，是一颗一等星。对室女座的兴趣主要是在于它的深空天体，用天文望远镜可以看见众多各种形态的遥远的星系。这些星系是"室女座星系团"（Virgo cluster，亦称"处女座星系团"）的组成部分。

占星家是怎么说的

室女座是黄道带的星座之一，位于狮子座和天秤座之间。目前，太阳是在 9 月 10 日和 10 月 31 日之间穿过室女座。在占星术中，室女座是黄道十二宫的第六宫，包括的时间段是 8 月 23 日~9 月 22 日。此时间段出生的人应该是聪明和谦虚的，但是他们会变得大惊小怪和过分挑剔。他们是严肃认真的人，经常烦恼担心。他们性情冷淡，缺乏柔情，但其中隐藏着一种激情。

室女座是一个伸展开来的星座，规模大小仅次于长蛇座。在室女座星系团中很可能有多达 3000 个星系。

明亮的角宿一标明的是室女的左手。

室女座星团

东上相

角宿一

徘徊的星星

在夜空中最明亮的天体中，有以星座中的固定的星星（恒星）为背景在徘徊的星星。透过双筒望远镜或一个小型天文望远镜来看这些徘徊的星星，你会发现它们不像其他恒星那样。不管你的双筒望远镜或者天文望远镜的功能有多强大，固定的星星看上去只像极小的小针孔透过的光亮一样。但是徘徊的星星呈现出的却是一个清晰的圆盘。它们并不像固定的星星那样遥远，而是在太空中与我们相对较近的邻居。

徘徊的星星

太阳、月亮、行星等

2000 年以前，古希腊人对他们发现的五颗游荡的星星用一个词描述，他们把它们叫作行星。今天，我们认识的行星，不再是通过它们的希腊语名，而是以它们的拉丁语名来称呼它们：水星、金星、火星、木星和土星。

古希腊人认为行星围绕地球转动。但是实际上，正如同地球一样，它们是围绕太阳做轨道运行，地球也是行星。另外还有两颗行星，它们离我们如此遥远，以至于我们只能通过天文望远镜才能看见它们。它们就是天王星和海王星。这样，总计有八颗行星在太空中构成了太阳大家庭的主要部分，我们称之为太阳系。这个大家庭的其他成员还包括卫星，例如月亮，围绕着大多数的行星运行。然后，还有许多"矮行星"，例如冥王星。另外，有一大群小行星，或者叫作小行星带，可以在火星和木星的轨道之间发现它们。

彗星也属于太阳系。这些极小的冰状天体从太阳系遥远的深处朝向太阳行进，只有当它们接近太阳时，才开始发亮并且开始融化。在它们最亮的时候，它们在天空中会成为最壮观的天体。

太阳系的规模是令人惊叹的。地球是太阳系内的行星之一，位于很接近太阳系中心的位置。然而，离太阳的距离仍然有 9300 万英里（约 1.5 亿千米）。远离太阳中心的行星，与太阳相隔数亿英里。遥远的矮行星冥王星在距离太阳大约 50 亿英里（约 80 亿千米）的地方游荡徘徊。

对 1546 年出现的哈雷彗星的描绘

在所有游荡徘徊的星星当中，最耀眼的是闪烁的昏星。它是在一年当中，刚刚日落之后，徘徊在西方天空的行星（有时专指水星和金星，中国古代把黄昏出现于西方的金星称为"长庚星"，意为长年可见的亮星）。

太 阳

对我们来说，太阳在所有天体当中是最重要的，它把光和热洒向我们的世界。植物生长需要阳光，如果没有植物作为食物，我们和其他动物就不能存活。太阳的热量使我们的世界温暖，为我们和数百万的其他生命物种的繁荣和繁殖提供舒适的条件。此外，令我们惊奇的是，古代人把太阳作为一个强有力的神来崇拜。

在美索不达米亚的古巴比伦人（Babylonians）和古亚述人（Assyrians，两河流域古代闪族人的后裔），如同古埃及人一样，是太阳的崇拜者。对古埃及人来说，太阳神"Re"（或 Ra，埃及宗教的太阳神，古代埃及人崇拜的宇宙创造者）是极为重要的。他们认为太阳神每天把太阳载在一只小船上扬帆穿过天空。他们认为太阳神拥有一个人的身体和一个猎鹰的头。法老们开始认为自己是太阳神的后裔。在"下埃及"的赫利奥波利斯（太阳城）成为太阳崇拜的中心。

在古希腊，赫利俄斯（又译赫里阿斯）是太阳神。是他每天驾驶太阳四马金车穿过天空。他在罗兹岛（Rhodes，希腊东南端佐泽卡尼索斯群岛中最大的岛屿）被特别崇拜。不过，从大约公元前500年开始，阿波罗，光和纯洁的神，逐渐成为太阳神。阿波罗是宙斯和勒托（Leto）的儿子，是阿耳忒弥斯（月神和狩猎女神，相当于罗马神话中的狄安娜）的孪生兄弟。他是一个万能的和强有力的神，一位有名望的音乐家和诗人、射手和用宗教信仰给人治病的医者。

在后来的时代，太阳崇拜统治了在中南美洲三个伟大文明的宗教，这三个文明是玛雅人、印加人和阿兹特克人（Aztecs，墨西哥印第安人）的文明。在他们的宗教仪式中，以大量地把人当作祭品为特征。例如，阿兹特克人相信，除非每天向他们的太阳神（Huitzilopochtli）奉献人血和心脏，否则他们的太阳神将会死去。

太阳是一颗非常普通的恒星。与其他星星相比，它只是好像更大和更明亮，因为它离我们相对较近。作为星星来说，太阳并不是特别大或特别亮，因为还有超巨星，比太阳大数百倍，比太阳亮数万倍。实际上，天文学家把太阳归类为矮星（主序星），太阳是黄矮星，因为太阳发出的光是淡黄颜色的。

阿波罗在古希腊和古罗马被
作为太阳神崇拜

月球环绕地球一圈约 27.3 天,并且月球也在同一周期内绕自己的轴自转。由于月球的这些运动,月球总是呈现给我们同一个月面,称为月球的正月面。

希腊女神阿耳忒弥斯是太阳神阿波罗的姐妹

月 球

月球，也称月亮，是地球忠实的伴星，也是太空中最接近的邻居。迄今，月球是人类登上并且探索的唯一的另一个世界。阿波罗计划的宇航员在 1969 ~ 1972 年，6 次登上了月球。

月球是地球唯一的天然卫星，大约每一个月环绕地球转动一圈。在这个时间过程中，我们看到它呈现出的形象变化，也就是经历它的月相，从纤细的新月到满月，再次重复。它在夜晚照亮我们的世界，就像太阳在白天照亮我们的世界一样。

像太阳一样，月亮在古代被广泛地崇拜。在早期的希腊神话中，月亮女神是塞勒涅（Selene）。她是太阳神赫利俄斯的姐妹。每天晚上，当赫利俄斯穿过白天的天空，完成他的旅程时，塞勒涅在夜间天空开始她的旅程。过后，女神阿耳忒弥斯（罗马神话的戴安娜、狄安娜，月亮和狩猎女神）担任了月亮女神的角色。她是一个光的神，就像她的兄弟阿波罗是一个太阳神。阿耳忒弥斯也是狩猎和野生动物的女神。

阿耳忒弥斯是最后的处女女神，她聚集了一群处女发誓要保持贞洁。而那些失去童贞的人，即使是由于被欺骗了（比如卡利斯托，美貌无比的一个仙女，为主神宙斯所爱，被神后赫拉变作母熊），也会因为耻辱而被驱逐。不幸也会降临到任何凡人偷窥者，例如害相思病的亚克托安（Actaeon），偶然无意中窥见阿耳忒弥斯洗澡。阿耳忒弥斯把亚克托安变成了一头鹿，然后让她的猎犬追逐撕碎他，然后狼吞虎咽地把他吃掉。

一个死寂的世界

月球是一个像地球一样的岩石天体，却是一个完全不同的世界。月球比地球小得多，直径尺寸只有大约地球的 1/3（应为 1/4）。由于它的质量小并且引力弱，因此，月球不能保留住任何大气。由于没有大气，所以在月球上没有云、雨，更没有蓝天。

我们用肉眼能看清在月球的"正月面"（nearside）上有两种不同的区域，明的和暗的。透过望远镜，我们能看见更暗的区域是大平原，但早期的天文学家把大平原称作月海。较明亮的区域是高地。我们能看见到处都是环形山，一些环形山横跨数百千米宽。

水 星

水星是距离太阳最近的行星，而且是绕太阳运转最快的行星。是一颗肉眼不容易看到的行星。要想看见水星，要么是在黎明之前在东方的地平线附近向下低一点，要么是在日落之后在西方的地平线附近向下低一点。在它最明亮的时候，它比天狼星还稍微亮一些，而天狼星是最耀眼的恒星。

古代天文学家对在早晨和晚上出现的水星很熟悉，但是他们没意识到早晨和晚上看到的是同一个天体。中国古代称之为辰星，西汉之后始称水星。古代印度人认为水星是月亮之神的儿子。古希伯来人将水星视为来自太阳的炎热之星。

水星，也称为墨丘利（Mercury），是这颗迅速移动的行星的一个合适的名字，因为墨丘利在罗马神话中是众神的跑得快的信使。他通常被描绘成一个敏捷的、漂亮的年轻人，有一顶有翼头盔和飞行鞋，以便他能迅速地飞翔，执行神的命令。他的一只手拿着一根魔杖，叫作墨丘利的节杖（使者杖、医学的标志、军医徽章），在节杖的顶端有翅膀且被蛇盘绕着。

墨丘利在古希腊神话中被称为赫尔墨斯（众神的使者，司道路、商业、科学、发明、幸运、口才等），是宙斯和玛雅（Maia）的儿子。而玛雅是阿特拉斯（以肩顶天的泰坦巨神之一，因参与反对奥林波斯诸神而被罚用双肩在世界顶西处支承天宇）的一个女儿。就在赫尔墨斯出生的那一天，他显示出了他恶作剧和发明的才能。他从阿波罗那里偷来牛，并且造了一个新乐器，就是古希腊的七弦竖琴。他随后把竖琴送给阿波罗，作为偷窃阿波罗的牛的补偿。

如同另一个月球

水星是最小的行星。水星的直径小于地球直径的一半（地球直径的38%）。因此，水星的质量小，引力弱，因而不能保存住任何大气。由于接近太阳，我们会认为水星应该很热，实际上确实如此。这个行星面向太阳的那部分，温度达到800 ℉（约427℃），这个温度足以熔化铅（铅的熔点为327.46℃）。而水星背向太阳的另一面，温度暴跌至 -290 ℉（约 -180℃）。

墨丘利（赫尔墨斯），
众神的跑得快的信使。

水星为环形山所覆盖，并且看起来很像月球的某些部分。几十亿年以前，陨石砸出了这些环形山。特别大的一个环形山形成巨大的盆地，称为卡洛里斯盆地（Caloris Basin，Caloris 为拉丁语，意思是"热"）。盆地宽大约 800 英里（1300 千米），是在这个行星上最显著的特征。

金 星

在所有的行星当中，金星是最容易被认出来的行星。目前，金星是最明亮的行星，它比任何行星都亮得多。在一年中的很多晚上，金星悬挂在西方的天空中，恰好就在日落之后的傍晚。金星是昏星（也称长庚星）。而在一年中的另外一些时间段，早起的人可能看见金星，并把它当作启明星，悬挂在东方的天空中，恰好就在日出前。

古巴比伦人把金星这颗行星与伊师塔联系起来，伊师塔是司美、生育和战争的女神。古罗马人以维纳斯（Venus）来命名这颗行星，维纳斯是掌管爱和美的女神。在这些名称起源中，维纳斯最初是与生育和庄稼相联系的，只是在后来，她才具有了古希腊女神阿弗洛狄忒的特征。有一个传说讲，她是宙斯的一个女儿；另一个版本说，她是从海里的泡沫中出生的。阿弗洛狄忒是美的化身，她的形体和容貌是极其完美的。

如同想象的那样，当美丽的阿弗洛狄忒取代了在奥林匹亚山（Olympus 亦译奥林匹斯山，诸神的住所，即天堂、天国）上其他女神的位置时，女神们很不高兴。阿弗洛狄忒的主要竞争对手是赫拉（天后，主神宙斯之妻）和雅典娜（智慧与技艺的女神）。有一天，三人正在争论谁才是最美的，宙斯插进来调停，并且说必须由一个凡人来决定。

帕里斯（Paris）是特洛伊的普里阿摩斯（Priam）国王的儿子，他被迫要作出选择。为了胜出，赫拉许诺他，如果他裁决她是最美的，他将成为整个亚洲的君主；雅典娜许诺，他将在战斗中成为不可战胜的。阿弗洛狄忒许诺，她将帮助他获得最美丽的凡人女人。他选择了阿弗洛狄忒，阿弗洛狄忒帮助他带走了海伦。海伦是斯巴达国王墨涅拉俄斯（Menelaus）的妻子，斯巴达是希腊的一个强大的城邦。帕里斯拒绝交还海伦，引起了特洛伊战争，在这场战争中，希腊人通过使用特洛伊木马获得了胜利。

阿弗洛狄忒的美丽使所有的神都为之心动，但奇怪的是，她在众神中挑选了最丑陋的赫菲斯托斯（古罗马神话中的火神伏尔甘）作为丈夫。一些神来安慰她，其中包括阿瑞斯（Ares，战神，宙斯和赫拉之子；相当于古罗马神话中的玛斯）以及赫尔墨斯（众神使者，即墨丘利）。她还爱上了两个凡人，亚度尼斯（Adonis，亦译阿多尼斯）和安喀塞斯（Anchises，特洛伊王子，埃涅阿斯之父）。她为后者生下了埃涅阿斯（Aeneas，特洛伊战争中的英雄，在特洛伊沦陷后背父携子逃出火城，流浪多年后，到达意大利，据说其后代在意大利建立了罗马）。埃涅阿斯是经历特洛伊陷落之后极少幸存者中的一个。此后，埃涅阿斯的流浪之旅成为叙事史诗的主题之一，古罗马诗人维吉尔（Virgil，公元前 70—前 19）撰写了《埃涅阿斯纪》。

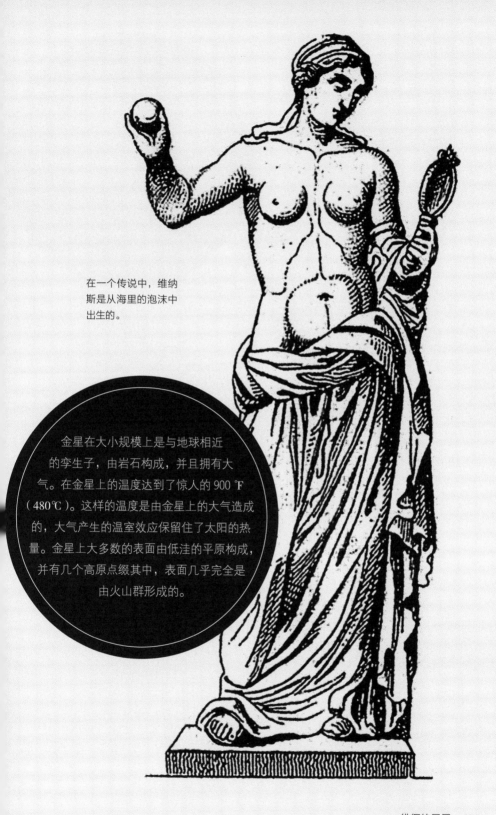

在一个传说中，维纳
斯是从海里的泡沫中
出生的。

金星在大小规模上是与地球相近
的孪生子，由岩石构成，并且拥有大
气。在金星上的温度达到了惊人的 900 ℉
（480℃）。这样的温度是由金星上的大气造成
的，大气产生的温室效应保留住了太阳的热
量。金星上大多数的表面由低洼的平原构成，
并有几个高原点缀其中，表面几乎完全是
由火山群形成的。

在古希腊神话中，盖亚（Gaea）是大地女神，是所有生命祖先的母亲

细微变化的力作用于在地球上：引起侵蚀的作用力。天气影响的作用是一种强大的侵蚀力。太阳的热量、冰霜和夹杂尘土的风产生的喷沙效应造成了损伤。流水冲刷并且溶解岩石，使碎石岩屑到处沉积。

地 球

我们赖以生存的行星是最大的岩石行星。地球在岩石行星甚至所有行星中都是独一无二的，因为它是一个生命的摇篮。它有恰好适宜的环境，让大量的生命存活并且繁荣兴旺。这样的环境在任何其他行星上都不存在，至少在我们所知道的宇宙范围内。

地球在古埃及神话和古希腊神话中被作为神的化身。对古埃及人来说，他是地神（Geb，地球的化身，亦拼写为 Seb 或 Keb），其姐妹和妻子是天神（努特，Nut，或 Nuit，天空之神）。她的星光璀璨的身体，被气神（Shu，空气的化身）托起在地神的上方。气神在埃及语里相当于阿特拉斯（以肩顶天的泰坦巨神之一，因参与反对奥林匹亚诸神而被罚用双肩在世界顶西处支承天宇）。

古希腊人把地球想象为乳房高耸的女神，称为盖亚（大地女神，管理婚姻和丰产）。她在原始的空虚中生成，古希腊人把原始的空虚称作混沌。她生下了天空之神乌拉诺斯（Uranus，即天王星）。地球和天际，也就是宇宙，被创立，但没有人居住其中。因此盖亚又与她生下的乌拉诺斯天神结合，产生了神的第一个家族，成员有泰坦和独眼的库克罗普斯（Cyclopes）。她也被认为生下了像男人和女人这样的凡人。盖亚得到了礼物，是一份预言书，作为德尔斐神谕（Oracle at Delphi，德尔斐，是古希腊城市，以阿波罗神庙闻名）被尊崇。

漂泊的大陆

在所有的岩石行星中，地球具有典型的层状结构。它有一层又薄又硬的地壳，其中 70% 被海水覆盖。地壳又包覆了一个很深的岩石层，称为地幔。地球中心是一个大的地核，含有铁和镍，地核的外部是液态。在液态地核里流动的旋涡创造了电流和磁性，把地球变成一块巨大的磁铁，产生的磁场延伸至太空。

地球的外壳表面不像蛋壳那样是连成一片的，而是被分成各个板块。这些板块在地球表面上做持续的运动，引起海洋变得宽阔、大陆缓慢地漂移分开。沿着板块边界的运动引发地震，并且造成火山喷发。

火星

火星在夜空中呈现出一个与众不同的形象，因为它具有一种似火的橙红色，这为它赢得了红色行星（火星）的称号。像金星一样，火星在太空中是地球的一个邻居，有时两者之间的距离不足 3500 万英里（约 5600 万千米）。但是，火星比金星小得多，因此不是那么闪闪发亮。尽管如此，当火星离我们最近的时候，它仍然要比天空中所有的星星都更亮。

火星是以古罗马战神玛斯（Mars）来命名的，或许是因为它带有的红色，使人想起了火和流血。但是玛斯最初是一个比较温和优雅的掌管农业和丰产的神。当玛斯成为战神时，他被认为是继承了古希腊战神阿瑞斯（Ares）的品性及传说。

阿瑞斯是宙斯和赫拉的儿子，在众神中，他不受欢迎，这是因为他在战场上的残忍。他选了爱与美的女神阿弗洛狄忒（主神宙斯之女，相当于罗马神话中的维纳斯）作为妻子，她为他生了三个孩子：两个儿子（Phobos 和 Deimos）和一个女儿（Harmonia，哈耳摩尼亚，和谐的女神）。两个儿子伴随阿瑞斯和阿瑞斯的姐妹厄里斯（Eris，司纷争的不和女神）一起进行战斗。火星的两个卫星是以阿瑞斯的两个儿子命名的（Phobos 为火卫一，是火星的两颗卫星中较大的和较接近火星的；Deimos 为火卫二）。

生命的神话

一个世纪以前，很多人相信火星上居住着一种有智慧的人种——"火星人"。人们指出了火星和地球有很多相似之处，火星有冰冠（亦称"冰盖""冰帽"，或称"台地冰川"）；火星的一天只比我们地球的一天稍微长一点；不时能发现"起伏的黑暗细纹"延伸横跨这颗行星，说明可能有植物在生长。在 1877 年，意大利天文学家乔瓦尼·夏帕罗里（Giovanni Schiaparelli）提出了火星人的概念，他报告说，在这颗行星上看到了"运河"。人们认为，这可能意味着是人造的水道，并且认为有智慧的生物在那里生活。

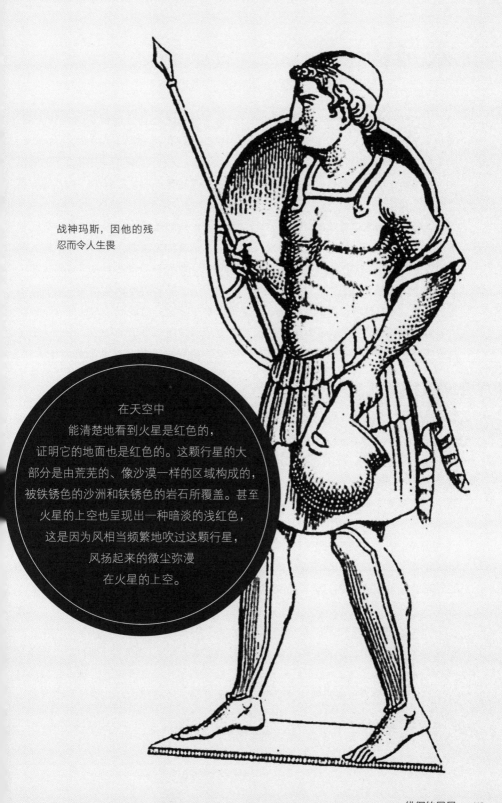

战神玛斯，因他的残
忍而令人生畏

在天空中
能清楚地看到火星是红色的，
证明它的地面也是红色的。这颗行星的大
部分是由荒芜的、像沙漠一样的区域构成的，
被铁锈色的沙洲和铁锈色的岩石所覆盖。甚至
火星的上空也呈现出一种暗淡的浅红色，
这是因为风相当频繁地吹过这颗行星，
风扬起来的微尘弥漫
在火星的上空。

木 星

在深夜，而不是在黎明或黄昏的黯淡状态下，当你看见一颗行星发出白色闪亮的颜色时，那么，它一定是木星。在一年里的大部分时间里人们都能看到，它始终闪闪发亮。在夜晚的黑暗中，在亮度上唯一能与木星竞争的行星是火星。但是火星有与众不同的略带红色的颜色，所以能被很容易地认出来。

木星要用大约12年的时间环绕太阳转一圈，而且像所有的其他行星一样，它在以黄道带的12个星座为背景移动，这表明木星每年穿过一个星座。

"我敢起誓！"

朱庇特（Jupiter，木星）是在古罗马众神中的主神。他也叫乔维斯（Jovis），这是我们叫喊"啊，天啊，好家伙，我敢起誓！"（By Jove! 表示惊讶、赞同、失望、高兴等）的起源。他是古希腊主神宙斯的化身，并且像宙斯一样，是天空和元素的神，被经常想象成雷电霹雳。在整个万神殿中，围绕着最高地位的神的神话数量十分大。宙斯是克罗诺斯（泰坦巨人之一）和瑞亚（多产女神）生的儿子，在他出生之后，瑞亚把他偷偷地拐带走，以防止他被他的父亲吞食（参阅第117页）。

作为一个男人，他推翻克罗诺斯并且与他的兄弟波塞冬和哈得斯一起瓜分了世界。波塞冬掌管了海洋，哈得斯掌管了地狱。他自己保留了天空和天堂，并且居住在奥林匹亚山（诸神的住所，即天堂，天国）。宙斯是神和凡人的统治者。他是全能的，能看见一切，能知道一切。

宙斯的爱情生活极其丰富。首先他与智慧女神墨提斯（Metis，俄刻阿诺斯和忒堤斯的女儿，混血人，宙斯的第一妻子）结婚。但是他被预言，他的第一个孩子将比自己聪明，因此他吞下他的妻子和她还未生下的孩子。不久他患了无法忍受的头痛，赫菲斯托斯（司火、冶金之神）通过劈开他的头颅，治愈了他的病。

从裂开的伤口中，跳出了他的孩子，但出来的不是一个婴儿，而是一个完全长成了的女子，穿着盔甲并且挥舞着标枪的女神。她就是雅典娜（智慧、技艺、勤俭和战争女神，相当于古罗马神话中的密涅瓦）。

他的其他妻子包括了西弥斯（Themis，泰坦族女巨人，乌拉诺斯和盖亚之女，时序女神的母亲，司法律和正义的女神，天文学中以她命名了"法神星"），还有最著名的是赫拉（天后，主神宙斯之妻）。当他娶了赫拉后，他还与女神和女凡人继续做了大量不正当的风流韵事，经常把他自己变成其他人或动物进行诱惑。

木星
是一个巨大的气体。
它有一个很厚的大气层，
主要包含氢气和氦气。在大气层的
底部，压力是如此之高，以至于把氢气变成了
液体，生成了一个深深的液态氢的海洋。接
着，在这个液态氢海洋的底部，难以置信的
极高的压力又把氢转变成一种
非常像水银的
液体金属。

宙斯（木星）在奥林匹亚
山上管理其他的神

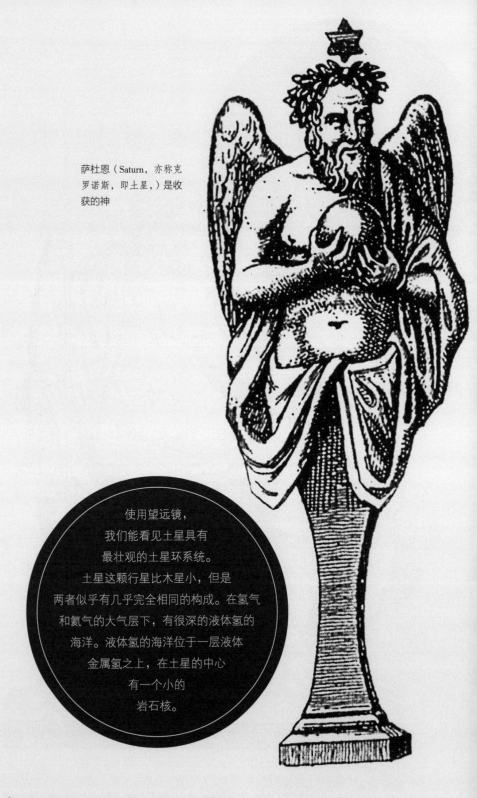

萨杜恩（Saturn，亦称克罗诺斯，即土星，）是收获的神

使用望远镜，我们能看见土星具有最壮观的土星环系统。土星这颗行星比木星小，但是两者似乎有几乎完全相同的构成。在氢气和氦气的大气层下，有很深的液体氢的海洋。液体氢的海洋位于一层液体金属氢之上，在土星的中心有一个小的岩石核。

土　星

土星是我们能用肉眼容易看到的最遥远的行星，距离差不多是地球到木星的两倍。土星本来就不是一颗亮星，但是，在它最闪耀的时候，除了天狼星和老人星（属南天星座之一的船底座）之外，它在天空中比所有的星星都亮。与耀眼的白色的木星不同，它闪耀着与众不同的黄光。

与木星相比，土星的移动要慢得多，要花费差不多30年的时间，环绕太阳转一圈，因此它要花费两年左右的时间穿越黄道带的12个星座。

收获的神

土星的名字源自萨杜恩（农业之神，相当于古希腊神话中的克洛诺斯），古罗马人把萨杜恩当作收获的神来崇拜，并且按古罗马人所期望的，他是众神中最重要的神之一。在古罗马时代，最喧闹的节日之一是神农节（Saturnalia，12月17日~23日），在这个节日要敬神并且庆祝收获。节日期间，所有的劳动和生意都停下来，奴隶被给予暂时的自由，并且交换礼物。这个节日与今天庆祝圣诞节和新年相似。

古罗马人把萨杜恩称作克罗诺斯。他是乌拉诺斯和盖亚的最小的儿子，乌拉诺斯是天神（天王星），盖亚是大地神（大地女神，管婚姻和丰产的女神，即地球）。克罗诺斯攻击乌拉诺斯，目的是要解救被监禁的他的同胞兄弟姐妹（参阅第118页），并且与他的姐妹瑞亚（多产女神）结婚。瑞亚生了6个孩子，但是克罗诺斯吃了5个孩子，这是因为一个神谕预言孩子中的一个将推翻他。当瑞亚生下她的第6个孩子宙斯时，她把孩子藏了起来，用孩子的衣服把一块石头包了起来，并且把包好的石头交给了克罗诺斯，克罗诺斯立即把它吞食了。

阿德拉斯提亚（1979年发现的木卫十五以它命名）和爱达两个仙女是克里特国王的女儿（参阅第94页），她们养育了宙斯。当宙斯长到成年时，他发誓他要报仇，通过让他父亲吞下波欣酒（potion，尤指作为药物、毒药用的饮料），使他父亲吐出了石头，以及已经吞下的5个孩子，包括3个女孩（赫斯提亚，女灶神；赫拉，天后，主神宙斯之妻；得墨忒耳，主管农业和丰产的女神、婚姻、女性和家庭、社会秩序的庇护者，古罗马神话中称刻瑞斯）和两个男孩（哈得斯以及波塞冬）。这五个孩子后来全部都成了神和女神。正如神谕所预言的那样，宙斯夺取了克罗诺斯的王位，并且把克罗诺斯流放到了天涯海角。

天王星

土星是古代天文学家所知的最遥远的行星。当时没有人料到还会有其他行星，这种状态一直持续到 1781 年。在那年的 3 月，在英国，一位德裔音乐家转行成为天文学家，名叫弗雷德里克·威廉·赫歇尔，在双子座中认出一个天体，他一开始以为是一颗彗星。但是，它并不是彗星，而是一颗新的行星，叫作天王星。

如果你确切知道该往哪里看，天王星就恰好能用肉眼看见。天王星的移动是非常慢的，因为它环绕太阳转一圈要花费 84 年。

乔治亚行星

因为古人并不了解天王星，所以这颗行星本身没有神话。赫歇尔为了向他的赞助人乔治三世国王表示敬意，将这颗行星命名为乔治亚行星。德国天文学家约翰·博德（Johann Bode，1747—1826）建议命名为天王星，这样的命名与其他行星的命名能很好地保持一致。在古希腊神话中乌拉诺斯（天王星）就是天王星的化身。乌拉诺斯是天神和最古老的神之一，大地女神盖亚（大地女神，管婚姻和丰产的女神）生下了他，然后又与他结婚。他们养育了泰坦一家、库克罗普斯（独眼巨人）和有 100 只手和 50 个头的怪物百手（Hecatoncheires）。

乌拉诺斯以他有这样长相的子女而感到羞耻，以至于把他们锁在了地球的底层。但是盖亚与她最后生下的儿子克罗诺斯（泰坦巨人之一）密谋，攻击了乌拉诺斯。克罗诺斯用一把镰刀阉割了他的父亲并且把他的生殖器扔进起泡沫的海的下面。从溅到盖亚身上的血滴中，癸干忒斯（Giants，巨人族，希腊神话中常与天上诸神作战的种族）和孚里埃（Furies，希腊神话中的复仇女神三姐妹）出生了，并且从海上的泡沫中又生出了阿弗洛狄忒（爱与美的女神，相当于古罗马神话中的维纳斯）。

天王星是一个巨大的气体，具有非常厚的大气层，在更深之处，是一个包含有水、氨和甲烷的海洋，在天王星的中心有一个岩石核。它的表面几乎没有特征。其他所有的行星都或多或少地绕着它们的轴垂直地自转，而天王星的自转是倾斜的（天王星公转轴相对于自转轴的倾角是98°）。

一个古老的雕刻图显示天王星（中心）以及它的卫星（图中有四颗卫星，实际上天王星有27颗卫星，其中五颗为大卫星），天（王）卫一（Ariel，阿里尔），天（王）卫二（Umbriel），天（王）卫三（Titania）和天（王）卫四（Oberon，奥伯伦，中世纪传说中的仙王，仙后泰坦尼亚的丈夫）。

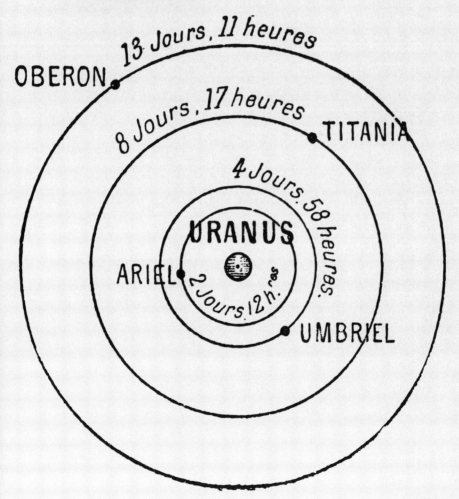

OBERON 13 Jours, 11 heures

8 Jours, 17 heures TITANIA

4 Jours. 58 heures.

URANUS

ARIEL 2 Jours, 12 h.

UMBRIEL

徘徊的星星 119

海王星

在德裔英国天文学家弗雷德里克·威廉·赫歇尔发现天王星之后，天文学家们发现天王星从它绕太阳运行的预测的轨道上有点偏离，因此他们推测有另外一颗未知行星的万有引力一定在影响着天王星。两位数学家，一位是英国的约翰·亚当斯（John Adams，1819—1892），另一位是法国的于尔班·勒威耶（Urbain Leverrier，1811—1877），计算出了这颗产生引力影响的行星应该在什么地方。后来，在1846年9月，德国天文学家，约翰·伽勒（Johann Galle，1812—1910）找到了这颗行星。

海王星要比天王星离地球远得多，并且完全超出了肉眼能够观测到的范围之外。但是，如果你知道往哪里看，就可以通过双筒望远镜认出海王星来。因为海王星围绕太阳的轨道运行要花费大约165年，随着岁月的推移，它看上去似乎在天空中根本不移动。

海神

伽勒提议，将第八颗行星命名为杰纳斯（Janus，亦译杰那斯，古罗马神话中看守门户的两面神）。勒威耶在一开始建议把第八颗行星命名为海王星，之后，又改变了主意，提议以他自己的名字命名这颗行星！但是海王星这个名字随后不久便开始被接受了。因为它不是被古人发现，海王星没有被赋予神话。

在古罗马神话中，尼普顿是海神。他是从古希腊神话中借用过来的神。在古希腊神话中，海神叫作波塞冬。波塞冬是克罗诺斯（泰坦巨人之一）与他的"姐妹妻子"（娶姐妹为妻子）瑞亚（多产女神）的子女之一，是宙斯和哈得斯的兄弟。波塞冬的一个故事是关于他与女神雅典娜（智慧、技艺、勤俭和战争女神，相当于古罗马神话中的密涅瓦）之间的一个竞争。在阿蒂卡（Attica，古希腊中东部的地区）的希腊人，希望以能给予人类最有用的东西的人来命名他们主要的城市。波塞冬为他们创造了马，但是，他们更喜爱雅典娜的礼物，橄榄树。这个故事解释了雅典这个城市是怎样得到它的这个名字的。

在大小和构成方面，海王星与
邻近的天王星是双胞胎，只是海王星
的规模稍稍更小一点。不过，海王星看
上去是一颗更有趣的行星。像木星和土
星那样，它具有模糊的海王星环带，它
还有一些斑点，显示出在它的大气层
里正刮起风暴。

尼普顿（Neptune，即古希腊神话
中的波塞冬）几乎总是被描绘成
手里拿着一把有三个叉的鱼叉，
或称作三叉戟。

我们对冥王星的了解，比对其他任何行星的都少，因为冥王星还没有被宇宙探测器访问过。我们只知道冥王星是一个被深深冻结的世界。冥王星也有卫星在它周围环绕，其中一个叫作卡戎（Charon，厄瑞玻斯和夜女神之子，在冥河上摆渡亡魂去阴间的神，冥王星的卫星）。

冥王星（Pluto，即哈得斯）和冥府多头的看门狗，刻耳柏洛斯（守卫冥府的有三个头的狗）在一起的画像。

冥王星

1846 年发现海王星后，天文学家没有停止对新世界的探索。最积极地一心一意继续探索的天文学家之一，就是热衷于观测火星的火星迷——珀西瓦尔·洛韦尔（Percival Lowell，1855—1916，他确信火星上有"运河"）。他计算出了他认为是一颗新行星的位置，并且开始利用他在美国亚利桑那州弗拉哥斯塔夫创建的天文台，去努力寻找这颗行星。但是，他没有好运，在 1916 年去世之前，他没能发现这颗行星。

在他的天文台里，对寻找这颗可能的新行星的兴趣逐渐衰退了。直到 1929 年，一位年轻天文学家，名叫克莱德·汤博（Clyde Tombaugh，1906—1997，美国天文学家），在加入这个天文台工作后，又再次开始了搜寻。到 1930 年 2 月，他终于发现他要寻找的这颗新行星，并开始把它叫作冥王星。人们最初认为冥王星是太阳系的第"九"颗行星，但是从 2006 年起，冥王星已被分类为一颗矮行星了。

冥王星是如此微小、遥远，以至于使用功能最强大的天文望远镜，它也只显现出像星星眨眼那样的一个小点。冥王星大约只是月亮的 2/3 大小。在绝大部分的时间里，它都是最遥远的行星。但是，在冥王星环绕太阳运行一圈的 248 年中，其中有 20 年要滑入海王星的轨道以内，这就使得海王星这个天体在这期间变成了最遥远的行星。

冥府之神

古罗马人把冥王星作为冥府之神来崇拜，他是从古希腊神话那里借用来的神。在古希腊神话中，他被称为哈得斯。哈得斯是他的父亲克罗诺斯（泰坦巨人之一）和瑞亚（多产女神）吞下的不幸孩子们中的一个，但是这些孩子最终被他的兄弟宙斯解救了。一个最经典的故事讲述了哈得斯对珀尔塞福涅的爱情。珀尔塞福涅是宙斯和谷物女神得墨忒耳（主管农业和丰产的女神、婚姻、女性和家庭、社会秩序的庇护者，古罗马神话中称刻瑞斯）的美丽的女儿。哈得斯把珀尔塞福涅抢走，到了冥府（参阅第 96 页）。

术语

小行星 环绕太阳运行的岩石和金属块，主要分布在火星和木星轨道之间的一条宽带（环带）里。

占星术 天体以某种方式影响人类生活的一种信仰。

天文学 研究天空和天体的科学。

大气层 包围天体的气体层，特指地球的大气层。

宇宙大爆炸 科学家们认为在大约150亿年前发生的一次巨大爆炸，创造了宇宙。

物理双星 一种双星系统，所组成的两颗恒星因彼此的引力作用而相互环绕运转。

天球 早期天文学家认为的包围地球的一个假想的黑暗球面。

拱极星 离天极很近的星，每天晚上都能看得见。

星团 恒星或星系的集团。

彗星 一块冰物质，当它接近太阳时发光。

星座 在天空中形成某种图案的一组亮星。

陨星坑 在行星、卫星或其他固态天体的表面上的坑，由落下的陨星造成。

双星 实际上是两颗恒星的一种星，在天空中，这两颗恒星互相接近或看上去好像互相接近。（见物理双星）

食 当一个天体运行到另一个天体的前面时，发生的遮蔽另一个天体的光的现象。

黄道 在一年内太阳绕天球所走的视路径。

昼夜平分时（春分、秋分） 白天和夜间的长度是相等的时间段。

星系 在太空内的一座"星岛"。我们的星系被称作"银河"。

引力 任何一个物质作用在其他物质上的力。

夜空 夜晚的天空

行星际 在行星之间。

恒星际 在恒星之间。

光年 光在真空中一年内传播的距离，约为 6×10^{12} 英里（约94605亿千米）。

星等 恒星的亮度。"视星等"是我们看上去的星的亮度。"绝对星等"是星的真实亮度。

流星 当一块来自外层空间的岩石或者金属在地球的大气层里烧毁时，在夜空中发出的一条光迹。

陨星 俗称陨石，一块来自外层空间的落在地面上的岩石或者金属。

星云 在太空中由气体和尘埃组成的云雾状天体。

夜空的传说：揭示星座背后的神话和民间传说

新星 一颗亮度微弱的恒星突然变亮并且看起来像一颗新的恒星。

轨道 在太空中一个天体围绕另一个天体运动时所遵循的路径。

月相 在一个朔望月内月亮的不同的形状。

行星 在太空中围绕太阳运行的八个天体之一。

岁差 地球受太阳和月球引力的作用，地轴在黄道轴周围做圆锥形的运动，缓慢地改变季节、昼夜平分时（春分、秋分）的时间，以及天极的位置。

探测器 离开地球航行到其他天体的宇宙航天器。

脉冲星 发出辐射脉冲的快速旋转的中子星。

类星体 看起来类似于恒星，却是极为遥远的天体，并且具有星系的能量产生。

射电天文学 研究天体发射的无线电波的天文学。

反射望远镜 使用反射镜收集并且聚焦星光的望远镜。

折射望远镜 使用透镜收集并且聚焦星光的望远镜。

卫星 一个小的天体围绕一个较大的天体做轨道运行，例如月球。通常指人造地球卫星。

太阳系 太阳的大家族，包括行星及其卫星、小行星和彗星。

恒星 由极为炽热气体组成的一个巨大的天体，发出巨大的能量，特别是以光和热的能量发出。

超巨星 一类具有高光度级的恒星。

超新星 某些恒星演化到终期时灾变性的爆发。

宇宙 存在的一切，空间和它包含的全部物质，例如星系、恒星、行星、气体和尘埃。

变星 亮度有变化的恒星。

黄道带 在天空中假想的一条环带，太阳和行星看上去在黄道带内运行。

希腊字母表

α	alpha	ι	iota	ρ	rho
β	beta	κ	kappa	σ	sigma
γ	gamma	λ	lambda	τ	tau
δ	delta	μ	mu	υ	upsilon
ε	epsilon	ν	nu	φ	phi
ζ	zeta	ξ	xi	χ	chi
η	eta	o	omicron	ψ	psi
θ	theta	π	pi	ω	omega

索 引

致 谢

作者罗宾·凯罗德（Robin Kerrod）以他所创作的天文学与宇宙学方面的著作而闻名。在他的著作中，非常畅销的是《星星指南》和交互式的《夜空》。他还著有《引人入胜的天文学》，以及为孩子们创作了两个系列的作品《太阳系》和《仰望繁星》。

插图致谢

对于在本书中所复制的图片，"跨图图书公司"（Quarto Publishing plc.）愿意对下列图片的提供者表示感谢和报偿：

图例：b= 下图，t= 上图

电子数据交换媒介（Edimedia）第 7 页；安罗南图片图书馆（Ann Ronan Picture Library）第 10 ～ 11 页，第 13 页 t，第 13 页 b，第 14 页，第 26 页，第 101 页；快门档案 / 莫发特创作（Shutterstock/Morphart Creation）第 119 页。

所有其他照片和插图都属于"跨图图书公司"的版权。尽管已做出各种努力以感谢各编著者，但如果有任何忽略或者错误，我们予以道歉。